整体的再创造

42×16

Remaking

清华大学建筑学院
建成环境再造课程
设计作业全集 2019

程晓喜 王辉 王毅 等 编

中国建筑工业出版社

序言

本书是清华大学建筑学院2017级学生本科二年级建筑设计课16周大作业——《建成环境再造——基于秩序与建构的设计训练》的作业成果集。题目要求以小组合作的方式完成清华大学校内照澜院社区的改造设计，将其改造为一座"学术小镇"。我们将本书命名为"整体的再创造"，有以下三重含义：

地段的整体性

设计地段选在清华大学校园内照澜院社区4块相邻地块，以建成环境再造为题，针对校园社区中的特定片区进行整体研究设计。每位学生自选其中1-2个地块进行设计，鼓励同学间自行合作对4个地块进行整体的总图设计，因而整体构思的连贯与协调成为评判的重要标准。同时在设计中由于地段紧邻清华大学标志性的"二校门"以及传统核心区，清华大学的整体氛围、照澜院社区在校园整体规划中的定位等，都对同学们的构思起到重要的启迪与制约作用。

时间的整体性

建筑学本科教学以8周为一个单元似乎已成为一种惯例，然而8周周期的局限性也日益明显，每个设计都感觉还欠缺最后一个"再深入"的环节。在二年级设计课的春季学期，按照教学计划应完成"秩序"与"建构"两个单元。作为尝试，我们将两个8周贯通起来，成为16周的整体，虽然安排上仍各有侧重，但以16周完成一套完整的设计，从地段调研到功能策划，从城市设计到建筑单体，从外部空间到室内环境，学生全情投入、一气呵成，才有了目前这样的成果。

呈现的整体性

作为作业的表达，我们首先呈现2-4人小组合作的成果，再呈现每个人深化设计的部分。学会合作是每个建筑师的必修课；而作为教学成果的呈现，选课的学生一个都不能少。尽管成果的水平高下有别，但其中都留下了无可替代的汗水、经验与成长，教师们也给出了认真的评价与建议。这也是对2017级学生设计水平的一个整体展示。

除了前述从实际教学层面选题、过程与成果三方面的考虑，该教学题目也是我们对于当前建筑教育特别是建筑设计基础教学思考的反映。

随着时代的快速发展，建筑学领域视野不断拓展，而建筑教育也在从各个方向寻求突破，种种具有创新精神的理论与方法被引入设计课堂。与此同时，当前掌握海量信息的年轻学生对于外在世界或建筑问题有了更多想法，但他们对于这些想法如何与建筑空间、与人的需求进行结合，如何用建筑设计方法实现这些想法还不够熟悉。

因此，我们试图引入建成环境、社区更新、片区空间组织等新理念内容，并通过强调调查研究、延展教学时间、分组合作设计等教学方法，使得年轻学生能更整体也更深入地理解与掌握建筑设计。同时，我们也希望他们在融入生活并试图创造一种生活的过程中，学会更加自信从容地去感知、思考与想象。

当然，清华的照澜院片区还在那里，短期内应该还没有被改造的计划。本书展现的只是 2019 年春夏 42 个小组 16 周努力"再创造"的尝试。

编者
2019 年 8 月

目/录 Contents

- 序言 · 002
- 设计指示书 · 006

程晓青老师组
- 树、片层 · 014
- 水木明瑟 · 020
- 桥瞧 · 026
- 无问西东 · 032

程晓喜老师组
- 漫步、慢步 · 038
- 市井非园 · 046
- Plasmolysis · 054
- 园中院 · 060

刘念雄老师组
- 彼时此刻 · 066
- Interaxial Voxel · 072
- Transition · 078
- 飘 · 080

饶戎／朱文一老师组
- Light Box 等 · 086
- 西街 等 · 094
- 见山/CBGB · 100
- 九院 · 104

王辉老师组
- 叙构 · 108
- 学术市集 · 118
- 院儿 · 126
- 一帧市相 · 132

王丽方老师组

项目	页码
打野	138
Street Can Be Knowhere	148
檐下	154

王毅老师组

项目	页码
聚散离合	160
溶解	168
斜与正	176

夏晓国老师组

项目	页码
在水一方	184
照澜院学术小镇	192
照澜院建成环境再造	196
TEU 木秀	200

朱宁 / 刘海龙老师组

项目	页码
学术小镇	204
瞧	210
BACKYARD	216
游园	220

庄惟敏 / 胡林老师组

项目	页码
MICRO TOWN	226
四方之方	236
寸草	244
CUBE-INVADE	250

邹欢老师组

项目	页码
RE-novation	254
诗意的市井	260
水木城	266
高低屈曲	270

清华大学建筑学院课程设计指示书（2019春季学期）

Studio 4：建成环境再造

——基于空间与秩序的设计训练

课程名称：建筑设计4上+4下（Architectural Design Studio 4-1&4-2）
课程类型：专业基础课
学分：8（4+4）
总学时：128（64+64）

一、课程目的

1. 本教学单元要求对"建成环境"进行改造整治，通过加建或改建使环境品质得以改善和提升。本教学单元使学生初步建立起"建成环境"的概念，并初步具备应对复杂的现状条件的能力。
2. 本教学单元强调对建成环境的空间和形体的再塑造。空间是现代建筑的灵魂，是对内满足功能、对外塑造形体的关键。本教学单元培养学生在严格的约束条件下，进行建筑空间形体塑造的能力。
3. 本教学单元强调理性的分析和逻辑的手段。学生应在对原有建筑空间、形体和结构的充分分析和理解的基础上，对其进行整合、完善和再利用，避免商业化的、非逻辑、夸张、堆砌的设计手法。

二、Studio 指导要点

1. 在实地调研基础上，对现状较为混杂的环境问题进行梳理，整治现状环境的不足。重点营造良好的室外公共场所和步行环境，提升建成环境的整体环境品质。
2. 充分利用原有建筑，通过改建和扩建，置入新的使用功能，并使建筑周边的环境得以改善和提升。改扩建提倡合理巧妙地利用原有建筑结构，进行适宜性的再利用。

三、总图设计要求

1. 本设计地段选在清华大学校园内照澜院社区4块相邻地块。同学自选其中1个地块进行设计。鼓励同学间自行合作，对4个地块进行整体总图设计。
2. 本设计功能定位为"学术小镇"。同学在调研的基础上，可对现状设施的使用功能进行适当调整和增减。如果对4个地块进行整体设计，总体上要满足4类功能需求，即餐吧类、演艺类、书画类和会议类（详见单体建筑设计要求）。如果只对1个地块进行设计，仅满足其中的1-2类即可。
3. 4块地段全部为步行区域，除消防、供货、清洁等车辆外，其他机动车不得入内。总图设计需在地段南北两端设置机动车停车位（南北各不少于15辆），同时在各个地段适当位置考虑自行车停放场地（A地段50辆，B、C、D地段各80辆）。
4. 对地段混乱的室外空间环境进行整治，要考虑室外游览、小憩、交往等功能需求，可与绿地园林景观相结合，形成舒适的室外环境。

四、单体建筑设计要求

1. 在总图设计的基础上，同学自行挑选4类功能需求（餐吧类、演艺类、书画类和会议类）中的1-2类，进行单体建筑设计。
2. 单体建筑设计上应该充分利用原有建筑结构，在原建筑结构内部或外部适当改扩建。对于原有建筑结构无法满足的功能空间（如大跨度演艺空间），可进行适当规模的加建，但要处理好新旧建筑之间的匹配关系。
3. 单体建筑设计上提倡尽可能采用自然采光和通风。部分房间可以考虑夏季使用分体空调，在建筑平、立面需适当预留空调机位。
4. 四类功能需求要求附图。

五、期中阶段设计成果要求

1. 图纸规格必须统一，尺寸为A1。
2. 表现方法不限，手绘草图、电脑模型、草模均可。
3. 总图：比例1:500。
4. 总图分析图：
   交通停车（机动车、自行车、人行、机动车停车场等）；
   室外空间（购物、休闲、交流、活动等）。
5. 建筑单体首层平面图：比例1:300。
6. 透视图：室外透视草图或轴测图。
7. 工作草模：比例1:500（按确定范围制作）。

六、期末成果要求

1. 图纸规格：规格必须统一，尺寸为A1。
2. 表达方式：手绘、电脑绘制、模型照片均可。
3. 标注内容：
   1) 注明房间名称、图纸比例、地段指北针。
   2) 每张图均要标注学号、姓名、班级、交图日期及指导教师。
   3) 技术指标：总用地面积、总建筑面积、各单体建筑面积、机动车停车数等。

4. 总图：比例 1:500。
   1) 总图范围必须包括地段四周的道路。
   2) 绘出道路、停车场、室外铺地、台阶、绿化等场地设计内容，将原有建筑与加建建筑区别表示。
5. 总图分析及构思图解。
   1) 总图分析：
      交通停车（机动车、自行车、人行等）；
      室外空间（购物、休闲、交流、活动等）；
      绿化景观等分析图。
   2) 构思图解：阐述建筑构思立意或构造技术手段的图纸及文字。
6. 各层平面图：比例 1:300。
   1) 绘出各层房间布局，以及楼梯、台阶上下方向等。
   2) 首层标明主次入口，注明剖切线位置。
   3) 上层平面应绘出下层屋顶平面可见线。
7. 剖面：2 个，比例 1:300。
   1) 剖切位置应选在标高显著变化处，剖切线与可见线粗细有别。
   2) 以首层室内地坪为 ±0.00，注明建筑各层标高。
8. 立面：2 个，比例 1:300。
   1) 线条粗细有别，用粗线勾画出建筑的轮廓线。
   2) 用阴影表现建筑物体型。
9. 透视图：外景透视图 1 幅，内景透视图 1 幅。表现方法不限。
10. 模型：本设计提倡制作模型（建议制作比例 1:300），模型须拍成照片贴在图纸上，大比例模型照片可替代透视图。
11. 以上对平立剖面、总图及透视图图纸数量及比例要求为最低要求，同学可以根据设计表达需求，自行增加图纸或将比例适当放大。

参考图书

1. 王毅, 庄惟敏, 王丽方. 场地 行为 空间与秩序. 中国建筑工业出版社, 2016.
2. 陈宇. 建筑归来——旧建筑改造与再利用精品案例集. 人民交通出版社, 2008.
3. Sandu Publishing. Transformer: Reuse, Renewal, and Renovation in Contemporary Architecture. Ginko Press, 2010.
4. Van Chris Uffelen. Re-Use Architecture. Braun, 2010.
5. Robert Klanten, Lukas Feireiss. Build-On: Converted Architecture and Transformed Buildings. Gestalten, 2009.

附：保留建筑现状概况及地段新增面积要求：

建筑名称	层数	面积	现状功能	新增面积
A 新林院住宅 3 栋	1 层	3x 约 220m²	住宅	400-1000 m²
B 社区菜市场	地下 1 层 地上 3 层	约 6400m²	菜市场+餐厅+小商品	1000-4500 m²
C 澜园超市（可拆一半）	1 层	约 2000m²	超市+银行+药店	1000-4500 m²
D 邮局	3 层	约 1700m²	邮局+银行+小商品	1000-4500 m²

A. 餐吧类

空间名称	功能要求	面积
门厅	分主次门厅	自定
餐厅 附设厨房	主空间，可有柱，附设厨房（餐厨面积比例 1:0.6）	450 m²
咖啡厅	附设吧台，除饮料外，可提供简餐	100 m²
书吧	图书阅览，可上网	50 m²
小卖部	出售小食品、小商品	50 m²
办公室	管理用房	2 间，每间 12 m²
卫生间	各层设置	厕位根据使用人数推算

B. 演艺类

空间名称	功能要求	面积
门厅	分主次门厅	自定
多功能厅	主空间，无柱，容纳 150 人左右，设 2 个出口	300 m²
隔音教室	社团排练使用，须考虑隔音要求，配设钢琴	4 间，每间 60 m²
小琴房	个人可租用，需考虑隔音要求	10 间，每间 6 m²
小卖部	出售小食品、小商品	50 m²
办公室	管理用房	2 间，每间 12 m²
卫生间	各层设置	厕位根据使用人数推算

C. 书画类

空间名称	功能要求	面积
门厅	分主次门厅	自定
创作工坊 附设杂物间	主空间，可有柱，可分设木工工坊、陶艺工坊等，附设杂物间 20 m²	300 m²
公共画室	北向采光或天窗采光	4 间，每间 60 m²
个人画室	个人租用，有自然采光	4 间，每间 15 m²
小卖部	出售小食品、小商品	50 m²
办公室	管理用房	2 间，每间 12 m²
卫生间	各层设置	厕位根据使用人数推算

D. 会议类

空间名称	功能要求	面积
门厅	分主次门厅	自定
报告厅 附设控制室	主空间，无柱，满足会议、展览、联谊等活动需要，设 2 个出口，附设控制室 20 m²	300 m²
社团活动室	满足社团活动要求	4 间，每间 60 m²
沙龙会议室	满足小型沙龙活动要求	2 间，每间 30 m²
小卖部	出售小食品、小商品	50 m²
办公室	管理用房	2 间，每间 12 m²
卫生间	各层设置	厕位根据使用人数推算

场地现状 | 009

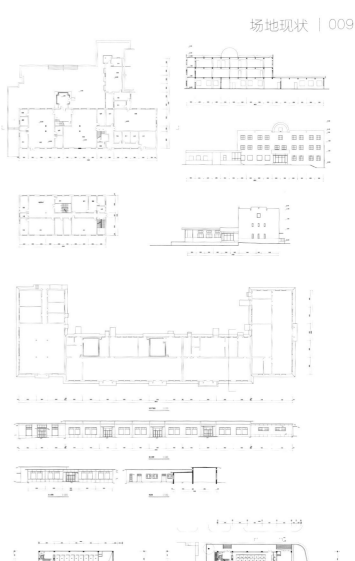
邮局

澜园超市

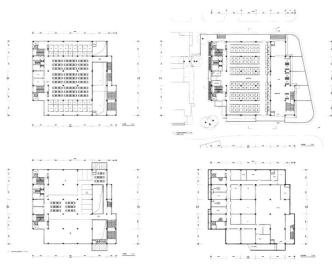
社区菜市场

新林院

EVENT

开题：课程综述 + 校园建筑设计（程晓喜）

WEEK 1

讲座：建成环境再造（王毅）+ 外部空间及场地分析（饶戎）

WEEK 2

概念方案设计（小组辅导）

WEEK 3-7

Timeline

2019.02.25-2019.03.01

2019.03.04-2019.03.08

2019.03.11-2019.04.12

时间轴 | 011

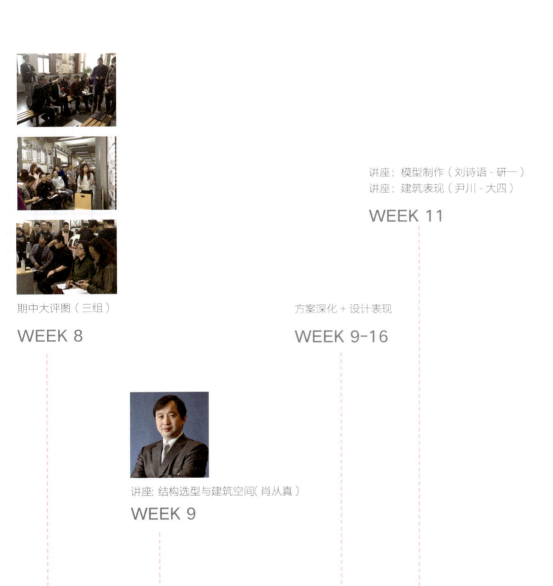

讲座：模型制作（刘诗语-研一）
讲座：建筑表现（尹川-大四）

WEEK 11

期中大评图（三组）　　　方案深化+设计表现　　　　　　　　　　　　期末大评图（三组）

WEEK 8　　　　　　　**WEEK 9-16**　　　　　　　　　　　　　**WEEK 16**

讲座：结构选型与建筑空间（肖从真）

WEEK 9

TIME

2019.04.22-2019.04.26　　　　　　　　2019.05.07

2019.04.29-2019.06.07

2019.04.15-2019.04.19　　　　　　　　　　　　　　　　2019.06.10-2019.06.14

CHAPTER 1

指导老师 | 程晓青

模型照片

树·片层

学生 | 王梓安 奚子琛
指导老师 | 程晓青

设计说明

在设计前期，我们对场地上现有的树木种类与位置进行了详细的调查，希望可以在最大限度保留既有植被的同时，通过新建筑的介入，塑造一处舒适亲切、绿意盎然的学术中心。我们引入了"片层"的概念，希望以水平性、延展性的空间多层次地结合自然环境。基于原本场地树木环境的实际情况，建筑的介入为原有自然环境与新生建筑环境搭起一座交互的桥梁。一方面，自然从地面上被抬升到了建筑物之上，在垂直维度上获得了新的意义，使得建筑物内的使用者能够在很便利的条件下进入自然空间。另一方面，片层将建筑物单层的横向空间释放，为使用者带来突破建筑垂直束缚的崭新自然体验。在这里，自然是立体的，在多个维度上与建筑相互渗透。在连续的花园中，我们期望每个人都能找到自己的风景。

教师点评

本方案以场地内的树木为核心不断发展，从调研、立意到设计的逻辑都比较完整，整体来看想做一个职业的设计，但仔细看有很多问题。主要是平面，很多都没深化下去，有一些也不成立，门厅等空间都没有。此外，对于校园的学术建筑应该有怎样的形式，可以再思考。现在几个建筑，不像校园建筑。如果整体来看，设计像五个人做的，太多了。要搞清楚什么是锦上添花的，而什么对于立意是干扰的。

植被分析

片层分析

讨论　留影　冥想

演出　活动　休憩

树·片层·学生活动中心

学生 | 王梓安

　　北部临近学校教学区域，主要为学生活动区域，保留旧有树木形成的入口庭院与内部的院落相接。东北侧的报告厅通过垂直的叠落与水平的退台，将花园带到每一个教室旁边。旧有的服务楼通过改造成为社团的活动场地，连续的花园将体验者带到二十余米高的空中平台，看云卷云舒。在展厅中，二维的线性语言在空间中得到拓展，光从飘带的缝隙中洒下，随时变迁的室内空间充满趣味性。

　　学习中心成为连接庭院与广场的节点。面向广场放大的公共空间欢迎人流进入，错层的变化与连续的屋顶花园将绿意延伸到每一层。学习中心下层试图塑造开放的探讨交流空间，自由的界面带来全景的视角，也模糊内外的边界，将草地延伸进来。通透性与开放性定义与旧有的建筑形成充分的对比，在定义其当代属性的同时，水平线条的平稳延伸与树木的生长性也形成了有趣的组合。

树·片层·演艺中心

学生 | 奚子琛

原有的菜市场则通过改造成为新的演艺中心，上层的露台为观演者创造亲近自然的机会。通过将演艺中心进行模块化植入原有的菜市场中，创造了一侧的休闲空间，利用流线组织将演艺中心与其他空间有机的结合在一起，形成自然空间与内部空间相互穿插的"片层"效果。南部环境幽静，尺度亲切，建筑的介入充分尊重既有别墅的体量与轴线的扭转，将胜因院别墅的尺度与语汇引入一旁的创意实验中心，形成有机的对话关系。创意实验中心的内部进行多样化的处理，形成模块化的基本形式，与大尺度的展示空间进行结合，外部形成多样的自然空间，将外部环境通过"片层"的手法引入内部空间。

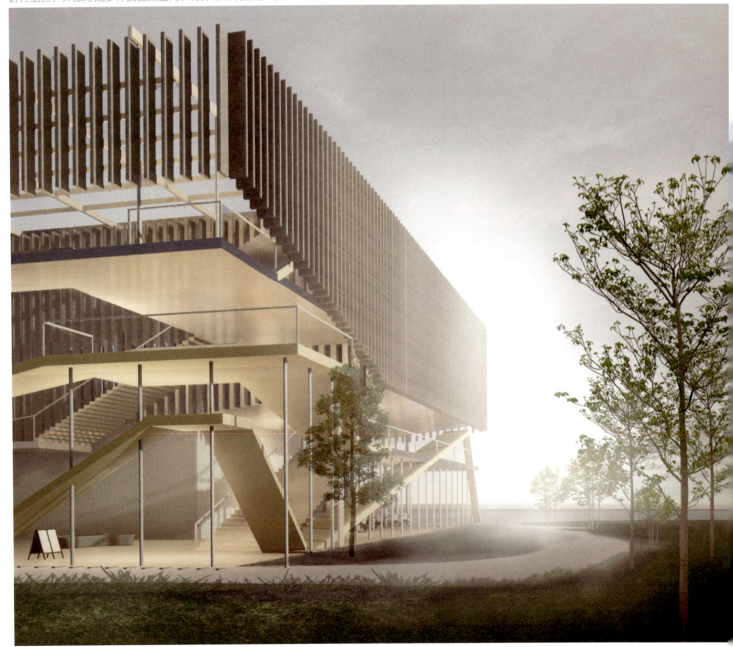

室内透视图

室内透视

澜园一层平面图

澜园二层平面图

室外绿化

一层平面图

二层平面图

剖面图

水木明瑟

学生 | 杜尔金娜 刘一新
指导老师 | 程晓青

设计说明

通过前期调研，我们结合场地的历史文化，以中国古典园林为立意，对清华园及周围的三山五园以及各类中国园林进行调研分析，又结合照澜院原有的背景资料，我们把场地内原有的水系重新调整，同时为了使土方平衡，刚好利用疏通水系挖出的土来进行地段内的景观重塑。然后将地段分成南北两个不同的体系，地段北边是比较紧密的方正体系，南边是比较疏散的曲线体系，加入园林建筑的廊与墙元素进行地段边界重塑。

在平面上，地段内的各个建筑元素如同中国画一般"密不透风，疏可走马"的有疏有密、张弛有度。在流线上，由于地段北边是清华二校门，人们主要从北边进入地段，从北到南人们可以行走在由不同廊道和墙体连接的建筑之间，观看不同的风景，在完整的流线中达到步移景异。

教师点评

本方案借鉴传统造园方法，力求打破校园建筑板正、严肃的固定模式。设计者首先对用地边界进行封闭化处理，隔绝了周边嘈杂的环境；进而复原用地内的原有水系，以此作为园林空间的基本脉络；通过削弱既有建筑体量、化整为零，使空间尺度更为宜人，于密集的居住区内营造一方小桥流水、曲径通幽、亭台楼榭、草木茂盛的世外桃源。

中国古典园林

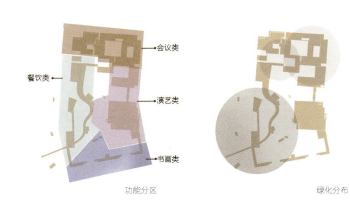

餐饮类　会议类　演艺类　书画类

功能分区

绿化分布

旧有水系

对应地段

水木明瑟

学生 | 杜尔金娜

　　邮局改造将底层大部分架空，沿着新增格网系统安排报告厅，采用大面积幕墙增加通透感，减少体量感，为了保留既有建筑的记忆痕迹，邮局二三层，部分拆除非承重墙，植入新墙体，共同构建新的分隔，强调似门非门的空间感和陌生感，满足展览空间的连续性和多边性。邮局南侧增设边庭空间，由四层红色、磨砂格栅分隔，空间丰富、楼梯交错穿行其间，邮局南墙拆除部分窗户的窗下墙，作为连接内部展览空间和边庭的通道，组织成丰富而连续的参观流线，以统一红色铺装，衔接内外，导引人流。

室外透视图

室外透视图

室内透视图

意向小品透视图

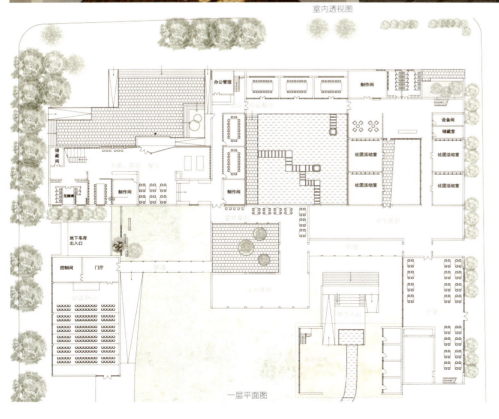
一层平面图

水木明瑟

学生 | 刘一新

地段南边绿植较多，建筑有新林院的三个旧房子、菜市场澜园和其西侧的商用建筑，将新林院完整保留下来，再用廊道连接其三栋独立的建筑，打造为全新的名人故居书画廊。菜市场澜园同时也是一座三层大食堂，如何削弱它的体量感对于园林元素作为改造主题来说显得十分关键，因此在保证基础框架结构体系的完整性下，拆除澜园顶层的部分结构并且在地面层周围堆土造景，从实质和视觉上同时减少体量感。它的功能也从菜市场和食堂改为剧场和展览厅。菜市场西侧的原有商用建筑都选择拆除，重新加入曲线廊道和小体量的亭与阁，让人们可以在漫步中休憩。

室内透视图

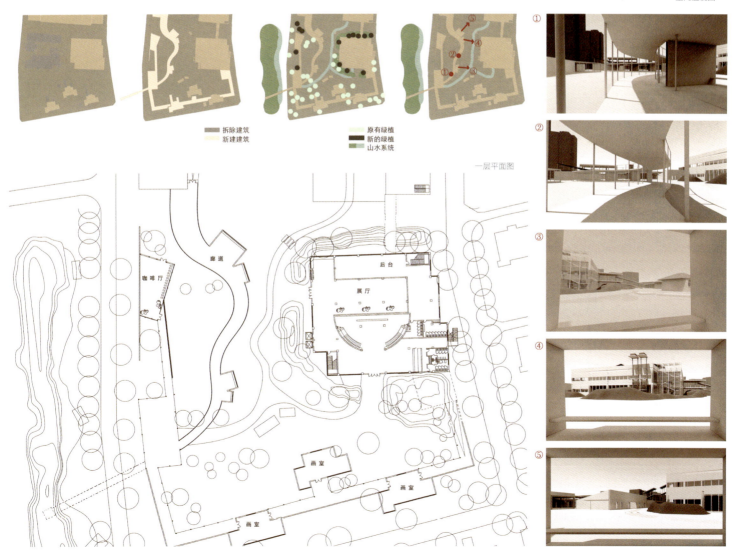

拆除建筑　　原有绿植
新建建筑　　新的绿植
　　　　　　山水系统

一层平面图

桥瞧

学生 | 李雪滢 汤凯钧 余思婷 杨翟
指导老师 | 程晓青

设计说明

在前期对场地的交通调研发现照澜院场地内只有三条东西向的道路,将场地生硬地划分成互不联通的四个部分,我们希望通过引入"桥"来提升场地交通体系的灵活性,增强建筑与建筑之间的联系。

我们将场地重新划分,引入一条南北斜向道路贯通到南边的新林院部分,同时将桥串联起各个建筑。在北边,我们创造出一个相对内向的空间,在这里设置了相对需要安静环境的会议中心和书画中心,不同类型的建筑间可通达可互观。南边的主体建筑是改造的食堂和新建的演艺中心。改造的食堂目前是一个新式的书吧,兼具餐饮和看书的功能。演艺中心的主体剧场放置在建筑的西南部,减弱它对北边、东边体量较大建筑的负面影响。南边的新林院我们进行了新的场地设计,在保留主体旧建筑的同时引入一条弯曲的廊道,同地形一起围合出建筑南侧和道路尽端的广场。

教师点评

本方案以"桥"和"瞧"为题,力求打破用地内既有建筑单调的平行式、割裂状布局。作者以折尺状的新建筑为"桥",将不同的单体建筑联系起来,形成贯穿用地的空中步行系统;通过在"桥"上设置餐饮、休闲和展示等互"瞧"场所,丰富学术活动形式,增强建筑与建筑、人与人之间的交流互动。

 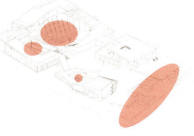 

新建建筑　　　　　　　　　　　绿化分布　　　　　　　　　　　停车空间

桥瞰

学生 | 李雪滢

地段北边现存的旧建筑有北侧邮局和南侧的超市。为形成一个完整的会议与社团活动中心，我在地段西侧和东侧加入了两个建筑体量，将邮局和超市连接起来并围合出一个内向庭院。南侧、东侧和北侧的可上人屋顶相互连通成"桥"，运用坡道来增加行走和视觉上的趣味性。室内的设计手法有两种：一是运用曲线和吹拔来激活邮局相对闭塞和规整的空间，视觉上更加灵活和开放；二是在西侧体量内上插入多个"盒子"，以满足不同社团的需求，创造灵活实用的空间。

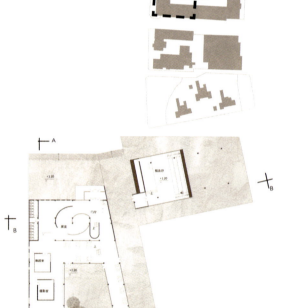

一层平面图

桥瞧

学生 | 汤凯钧

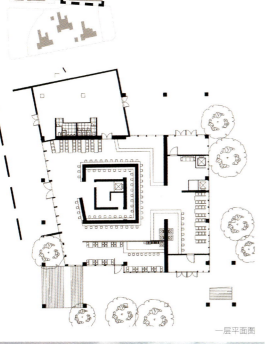

一层平面图

我设计部分是原澜园食堂，在保留原有框架结构的基础上，在外部插入块状空间，内部加入塔层和回旋走廊。在此结构上进行深化发展，增强空间内的公共交流性。一层化作书塔与食堂，人可以围绕中心书塔而坐，立面以玻璃为主，强调通透。二层图书馆可以从外部的"桥"进入，采取折线回旋的流线。三层为咖啡座与小型自习室，可以通过吹拔纵览下方一二层的通高空间。

室内透视图

桥瞧

学生 | 余思婷

拆除地段北部原有的服务楼后，在原有超市东部的基础上围合出一片内向安静的书画空间。分割为东西两部分的超市打通了场地内的南北流线，围合出广场改善了公共空间的滞留性，且配合静谧的书画坊营造景观。同时为了与整个地段的"桥"体系联系，增加广场到屋顶的通道，建立屋顶交通体系，为了获得空间的丰富性，挑起东北角，制造出内部空间的主要入口，同时该入口也是联系外部交通的主要空间。为了使顶平台增加人活动的可能性、适宜人的尺度，添加层层叠进的阶梯，丰富整体造型。最后为了解决画室的采光问题，采取插入通高的体块，也解决了垂直交通的问题。

室内透视图

剖透视图

桥瞧

学生 | 杨翟

　　此部分是整个照澜院的西南部分。由于旧澜园食堂部分建筑体量较大，我将建筑的主体放在同它错开些许的位置。并且将南边新林院的较高地势缩减了一部分，为我的建筑在南边形成一片开敞的室外空间。主入口在西面，南面有次入口。主入口进入后可从通高的门厅进入二层剧场或到一层南部的休憩空间或排练空间。剧场北低南高。北侧为观众厅入口，南边为舞台台口，可从一层排练厅到达舞台。北边的环形坡道中心是一个下沉花园，使得地下部分拥有充足的采光和良好的景观。可从北面建筑物下的入口进入地下，也可从建筑物内部的交通通道进入。在建筑的东侧，设置了一个面向道路和对面建筑的大台阶，台阶下是观展空间和储藏空间，同样通过中心的一个内庭采光。向东的大台阶可以观看对面建筑的舞台，向东南的大台阶面向新林院前的广场。

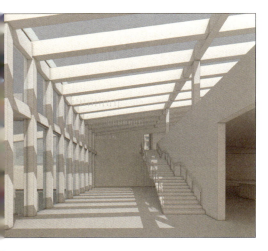

剖透视图

无问西东

学生 | 周爽 潘一航
指导老师 | 程晓青

设计说明

采用院落的灵感来源于场地北侧的既有四合院。同时场地处于清华大学校内。清华大学是一所中西文化荟萃的大学，场地南侧的既有西式建筑新林院就是一种体现。四合院与西方院落式的大学都是中西文化的一种分别体现。综上，我们采用院落的形式，北起四合院，南至新林院，形成了一种由中式过渡到西式的格局。同时我们打通了屋面体系。在这个基础上，进行了深化。

教师点评

本方案的构思基于对清华大学校园建筑特色和历史文化背景的深入研究。设计者运用类型学的研究方法，提取中西校园的典型空间形制，通过巧妙地植入新建筑，整合用地内散乱的既有建筑，协调用地周边传统的院落尺度，形成秩序井然、中西合璧、浑然一体且具有鲜明在地性的建筑环境。

无问西东

学生 | 周爽

我负责的是场地东侧。保留了原有超市的一半，就势形成了新的院落。呼应北侧四合院，提取了传统四合院的要素，采用嵌套的手法，融入了一些新的要素，用作学生活动中心。如将正脊一端拉伸，形成错落有致的斜顶，丰富了形式。同时每个院落有自己的一个主题，体验更为多样。我将南侧的澜园食堂改造成为一个小型剧院。保留红砖的材质，在内部二三层嵌入了一个盒子用作剧场。一层大厅用作排练厅，供演员和学生使用。同时对立面进行了改造，与其西侧的广场、北侧的学生活动中心都有互动。

室内透视图

无问西东

学生 | 潘一航

室内透视图

我负责的是场地西侧。保留了原有的邮局，结合新建的部分成为一个南北一体的折线形建筑。新建部分结合场地进行弯折，形成一内一外两个大型广场与内外分别产生交流，同时在功能设置上，将围合广场的一层作为商铺，而二楼作为学生活动室，用连廊串起。原本的邮局一层作为纪念品商店，二三层打通作为一个西式书咖。在折线新建的最南端将末端放大，成为一个通高的西式图书馆。在范式选择上，根据院落大小确定了整体的西式风格，吸取场地中照澜院菜市场的材质采用红砖材质，吸取西方建筑的一些元素，用雕塑，挑空等手法调整虚实，节奏，使线性空间更加活泼。

CHAPTER 2

指导老师 | 程晓喜

漫步 · 慢步

学生 | 刘淳尹 陈迅 董良龙 郭一川
指导老师 | 程晓喜

设计说明

我们设计的概念原型是"丘陵"。它对应一个游走的空间，没有明确的目的性，让人能够在其中漫步或发呆；同时又通过空间节点的设置和对景让各个场所具有复杂性和辨识度。这样的概念符合我们对于学术小镇的想象——一个自由漫步的场所，一个为清华的快节奏生活降速的地带。

但是，照澜院原有地段交通以东西向为主，本身交通条件僵化。因此，我们对地段交通进行了大规模的重新规划，将四个区域当作一个整体，提取二校门与新林院轴线，采用斜向道路划分，再设置大型下沉广场、小广场等各种尺度的区域，并保留旧建筑，在此基础上规划新建筑。

值得一提的是坡屋顶与斜向划分这两样特色。坡屋顶呼应了新林院的旧建筑，并使西侧的建筑群与新林院老建筑的尺度相和谐。斜向划分则丰富了地段的对景，并实现"游走"的概念，每转一个弯便是新的场景，可以在夏日傍晚挽着彼此的手在小径漫步，发现转角处的二手书店与小餐馆，也可以待在咖啡厅看着小院的人们，抑或在广场上浪费好看的天空。这便是我们想营造的学术小镇。

教师点评

四人合作搭配出了不错的成果。整个设计不仅具有整体性，又内涵丰富性与差异性，"线性的街道"与"面的广场"相处和谐，尺度感掌握得很好。斜向划分与坡屋顶为这个设计方案提供了新的可能性。东北侧建筑群的斜向切分形成的灰空间过渡了建筑与广场；西侧建筑群屋顶和新林院老建筑呼应，但又以不同的形式展现；尺度较大的澜园通过斜向划分连接了南北场地，形成视觉焦点；南侧新林院的处理则较为放松，在大动作的斜向划分与拆掉旧建筑的状况下，这样的放松凸显了对于旧建筑的尊重。

不足之处，南北向大轴线目前有点单调，边界生硬。北侧入口处邮局的处理不够到位。南侧地块铺地过于碎片化，削弱了整体的感染力。

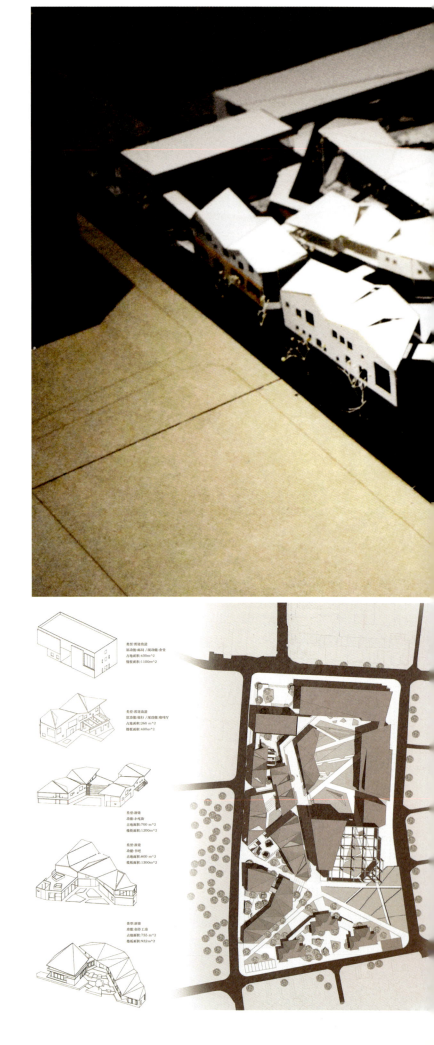

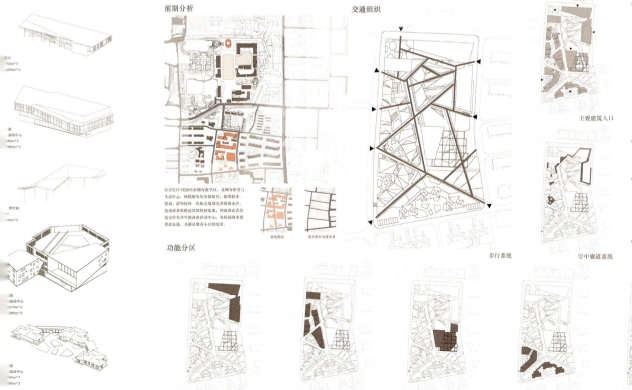

漫步、慢步·会议

学生 | 刘淳尹

我的地段核心是下沉广场，周边建筑分别依据人流的导入和广场的互动进行设计，再配合斜向交通体系进行切分。在这部分，我将三角划分的手法融入建筑及外部空间设计，实现整个地段的一致性，并考察每个斜向切分所对应到的节点、人流，以确保其正当性。最后再协调彼此地段的关系，让大家的设计能相辅相成。

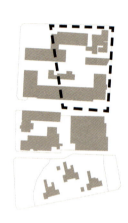

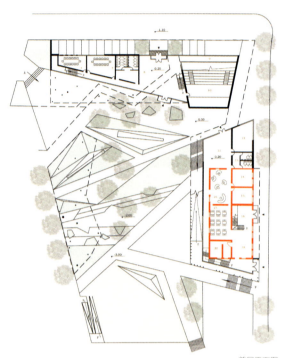

首层平面图

设计范围

构成与定位分析

概念演绎

形态生成

漫步、慢步·书画

学生 | 陈迅

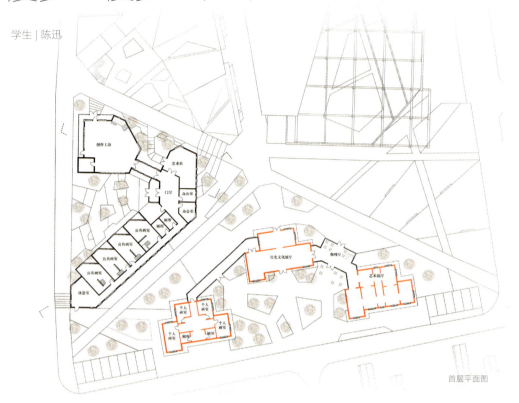

首层平面图

我的地段可以说是整个大地段的后院，主要目标是保留老建筑和绿化。对着大地段的主轴线，是视线上的终点。南区三栋老建筑用廊道连接，左边的老建筑是个人画室，右边的是展厅，中间的是两个老建筑的入口。西南边的是一个创作工坊和公共画室。为了塑造一个宁静的空间感受，用建筑围成了一个庭院。屋顶采用了坡屋顶，用来呼应老建筑的屋顶。建筑的南立面也是采用传统双坡屋顶建筑的形式来设计。

漫步·慢步·演艺

学生 | 董良龙

　　我负责的澜园改造设计为了使其体量变小并符合整个照澜院地段的规划，采用了三个切角手法，分别是：东侧切角，为了将东侧人流引入地段；斜向通道，为了将南北广场衔接起来，使大体量的澜园变得更通透；西侧镶嵌体块，使澜园西侧与地段轴线平行，形成檐下空间供人使用。

首层平面图

四层平面图

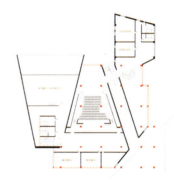

三层平面图

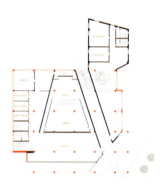

二层平面图

漫步、慢步·餐吧

学生 | 郭一川

我的地段主要塑造的意象是"街道"。我希望通过交通的重新整理,加强整块地段的"流通性"。同时,通过小院、草地、室外大阶梯、树下空间的设计,给予人们更多停留、观景、垂直交通的机会,让地段拥有"漫游感"。最后,室内的平面组织也尽量与室外空间契合,使漫游的感觉拥有一致性。

 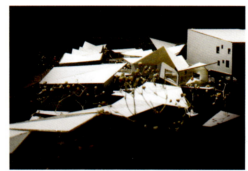 

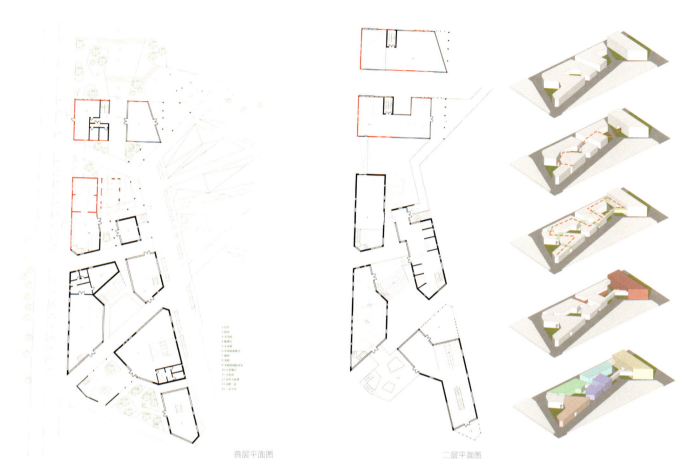

首层平面图　　二层平面图

市井非园

学生 | 杨一钒 王纪超 尹从鉴
指导老师 | 程晓喜

设计说明

"有向心性和安全感的室外空间，是学术精神百花齐放之地"——本着这种对"学术"的理解，小组从北方园林中提取的设计手段：人乐处盆地造园而望山，在平原若想实现，往往积土如"近春园"土山以围合场地，隔绝内外的同时也是内景的衬托。重点并非山体，而是其内向坡面。在"市井不可园"的设计用地，其尺度较近春园更小，因此建筑替代山景成为围合的主体。基于对校园整体规划的分析，将该处定义为历史风貌与现代教学的核心结合点，在此营造出南北两片性格各异的室外场地——北侧花园、广场参差布置，重在游走；南侧以水院为主，重在观赏。功能建筑则依据动静分区、主要受众、通达性、后勤需求等要素，环绕两园布置，既实现围合，又充分利用内部庭院和外围道路的优势。

教师点评

方案从"清华园"古典园林意向出发，但并未拘泥于任何古典形式，而是创造出全新的山台、游走意向。结合地段原有的建筑布局，通过建筑剖面的处理，划分出山间盆地和水岸登楼两个不同气质的空间区域。建筑形式的创造基于内在逻辑的梳理，是有意义的尝试。
不足之处，三个建筑组团之间的配合不够充分，没能起到相互激发的促进作用。两个大广场作为视觉中心的处理没能深化，特别是水景没能得到合理的利用。两者之间也缺乏有效的渗透和联系。

地段周边应对

旧建筑保留

场地

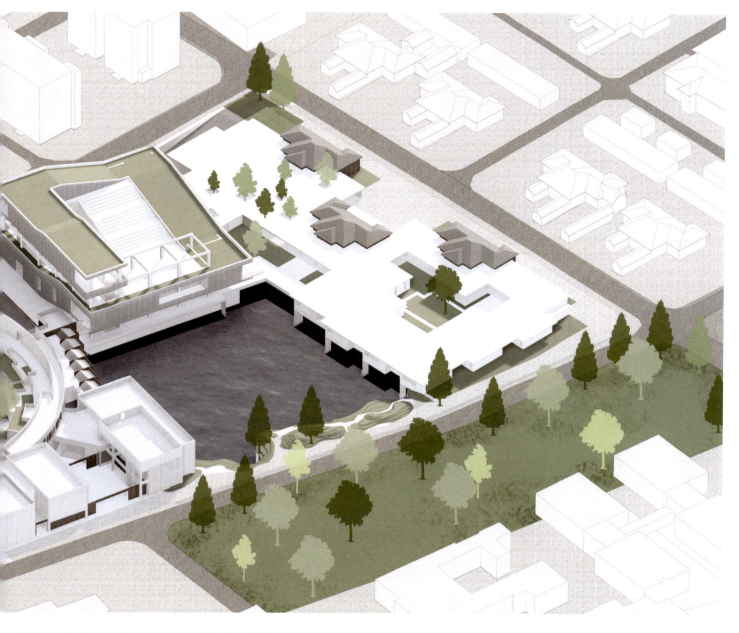

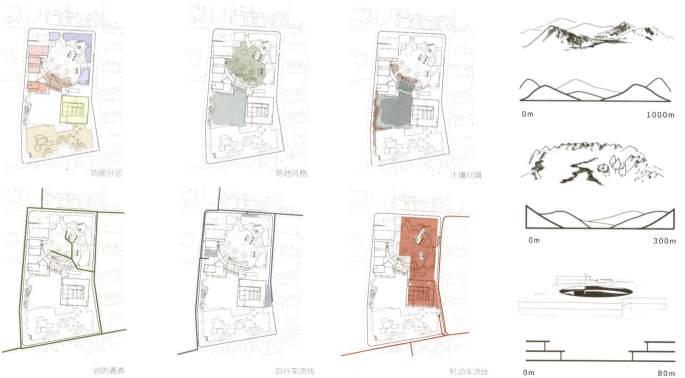

消防通道　　　自行车流线　　　机动车流线

市井非园·餐吧类

学生 | 杨一钒

位于场地东北角区域的是餐吧类建筑群。基于对场地的整体规划，内向开放、外向封闭的小型开放型商业街区是设计的基本策略和定位。

在水平方向上，结合周边交通及主要服务人群特点，将L形地块分为三部分，留出外界与广场连接的通道。将大体量化小，通过折线形的错动，穿插组织出快速通行的走道与适宜停留的中庭，使人游走在期间能够体验明暗宽窄变化丰富的节奏感。其面向广场敞开，形成人流及景观的自然流动。在垂直方向上，通过二层平台将这一组建筑相联系，平台围绕一层的中庭组织，实现一二层之间更好地视听交流。类似的，结合地下车库出口设置的下层中庭与地面层的关系亦是如此。

灰砖为主，是对照澜院历史建筑的呼应；金属与玻璃的穿插，则是现代气质的引入。而其南端的书吧由原澜园超市东翼改造，保留老墙与基本体量。

由此，在新旧对话的同时，创造出多层次、多维度的交流活动空间，赋予校园商业区更多意义与活力。

首层平面图

市井非园·山岸水居

学生 | 尹从鉴

　　用地位于场地的西北侧,包括展览、画室、工坊三个核心功能。

　　根据前期的整体规划和设想,建筑以满足北院的围合感和绿化、同时充分利用南侧日照和优美景观为目标。

　　西侧通过延续旧邮局的模数体系构造一组方盒,形成靠路一侧较为整体的立面,产生足够的大空间和模数化的标准房间作为展厅和工坊。其间保留有旧建筑红砖墙体,通过新旧穿插与碰撞提高空间趣味。

　　方盒以东的部分,取北广场的几何中心为圆心生成一套不同于正交体系的扇形体系作为画室,以连接各功能的走廊为圆周,内部屋顶层层跌落,形成类似梯田的外部效果。通过垂直绿化实现北院南侧的公园式、游走型室外空间的建立。并以垂直体系有韵律的重复来应对南侧日照和景观。

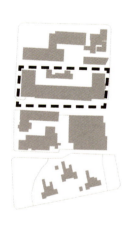

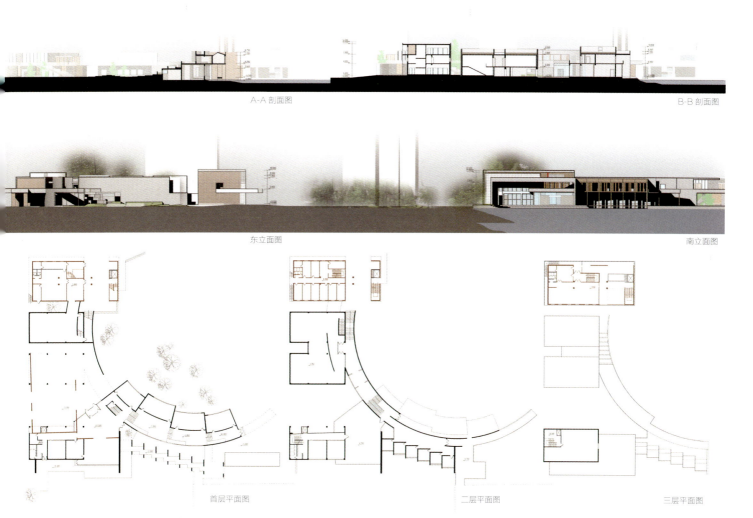

A-A 剖面图　　　　　　　　　　　　　B-B 剖面图

东立面图　　　　　　　　　　　　　南立面图

首层平面图　　　　　　　　二层平面图　　　　　　　　三层平面图

市井非园·演艺 & 会议

学生 | 王纪超

  这次设计试图探索校园中演艺和会议建筑在使用上新的可能性。传统演艺和会议建筑强调实用功能，往往忽视其日常体验；同时由于使用时效性强，场馆利用率并不高。这同校园学术小镇的需求不符。

  增强建筑体验的关键在于公共空间，即学生从建筑入口到达排练厅、剧场和会议厅的过程。事实上，同学们可以在演艺建筑中漫步，在观看他人排练的过程中感受艺术；也可以在参加会议前后驻足交谈，碰撞出思维的火花。因此我使用室内外双螺旋形组织演艺建筑的剧场和大小排练厅，使用环形组织会议建筑的多功能厅和会议室，并在两部分的室内公共空间和室外平台之间多处连通，形成丰富的漫步体验系统。

  两建筑也充分利用原有建筑的可能性。演艺部分以原有市场的框架结构为基本体系，在此基础上创造独特的建筑形象；会议部分则以三栋老建筑为主入口和咖啡厅，新建部分整体下沉、形式消隐，对原有建筑形象起到突出作用。

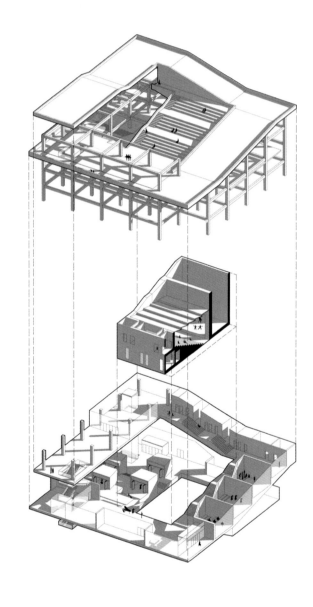

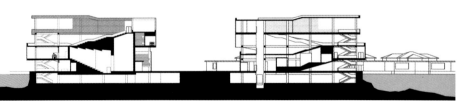

剖面图

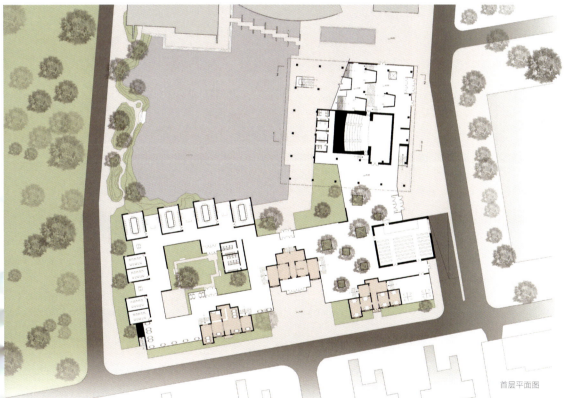

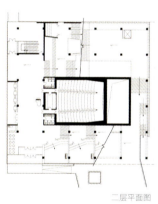

二层平面图

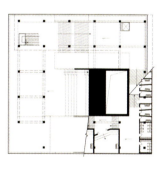

首层平面图　　　　三层平面图

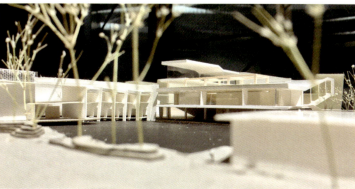

Plasmolysis

学生 | 林暄淇 李鸿宇
指导老师 | 程晓喜

设计说明

纵观整个清华校园，西南区看似是最缺乏秩序的一个区域，很大程度上是由于其长久以来缺乏明确的功能分区所致。因此，这个方案着眼于未来，当校园内的社区不断转移至配套设施更为完善的校外之后，校园的西南区必将产生新的秩序，可能会发展出一片全新的教学区。我们对于照澜院"学术小镇"的理解便是未来教学区内的一个控制点，组织着整个教学区的秩序。在这样的"学术小镇"中，学生将成为绝对的主角，因此我们旨在营造专属于学生的空间特质。具体的形态操作主要可以概括为两步：首先通过刚性的建筑边界围合形成区域的领域感，并通过周围道路的对位关系生成内部路网；其次在区域内部自由散布一些功能各异的小房子，在满足当下学生多元化需求的同时，也削减了外部空间的尺度，创造出许多亲切宜人的小空间，以塑造专属于学生的场所感。

教师点评

设计的每一步都在大量的案例分析、严密的功能构想和几何逻辑下推导而成，使整个方案构思完整、风格统一、整体性较强。西、北、东三面相对大尺度的围合与南面小体量打散形成对比，内部斜向轴网的引入形成交错的楔形空间，既有利于人流的引导，也形成了鲜明的空间特色。开敞空间中散布的小型单元则成为联系整个区域的线索。
然而方案的深化创作也受到完整性思维的束缚，缺乏灵活灵动的处理，对人在其中的微妙体验不够敏感。

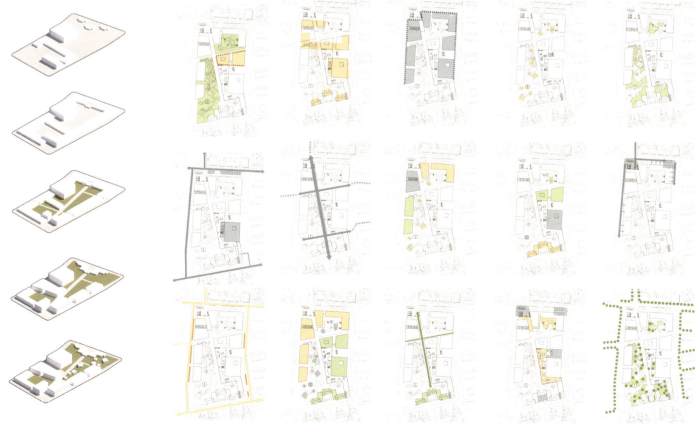

Plasmolysis

学生 | 李鸿宇

　　我负责的区域位于地块东侧，同时也是整个"学术小镇"的中心，在区域北侧将部分澜园超市改造为会议中心，在区域南侧将澜园食堂改造为演艺中心。具体的形态操作可分为四个步骤：首先在二层增加架空平台和连廊元素，以丰富交通流线的种类与层级，同时增加多层次的视线交汇；其次在平台下继续散布小体量的多功能盒子，以呼应和延续场所的整体秩序；然后设置一个外形如同小房子堆叠而成的瞭望塔，在联结上下交通的同时也作为场地两套不同轴网秩序的锚固点；最后在建筑体量中适度做减法，以表现虚实空间交融的趣味性。

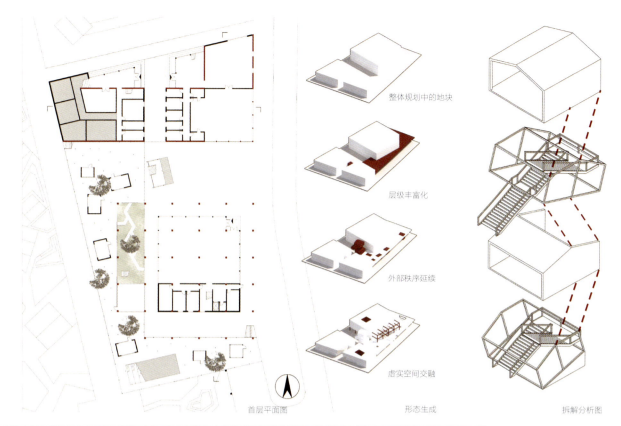

整体规划中的地块

层级丰富化

外部秩序延续

虚实空间交融

首层平面图　　　　　　　形态生成　　　　　　　拆解分析图

Plasmolysis

学生 | 林暄淇

　　我负责设计的地段位于场地主轴线的最北端，居于门户地位，需应对大量由北面二校门方向来的游客。在我的设计中，位于西北角相互错动的两个大体量建筑形成广场并将人流引入场地内部，围合地段的小型商业餐饮类建筑为游客提供服务。一条空中廊道将各建筑及主要广场联系在一起，并提供面向二校门及场地内景观的观景平台，给人以丰富的游览体验。

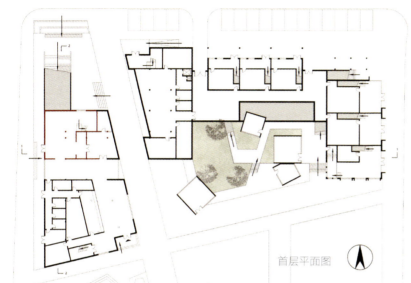

首层平面图

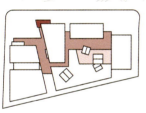
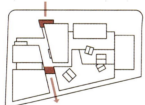
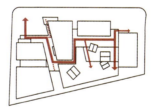
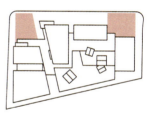

园中院

学生 | 曾艳阳 赵逸祥
指导老师 | 程晓喜

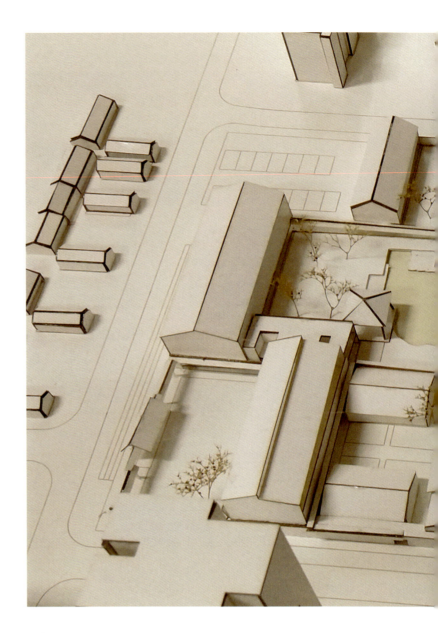

设计说明

前期我们调阅了从1911年到现今清华大学所有的校园规划图纸，发现在早期规划中，照澜院这个区域存在水系。在清华园这个大的皇家园林的背景下，我们的方案也引入了一条南北向的水系，试图把照澜院改造成一个坡屋顶、园林化的中式学术小镇。对照澜院现状，打破了原来横向交通的流线，增加更多的可能性。功能布局从北至南是一个由动到静的过程。北面邮局和服务楼是餐吧空间，邮局楼南侧为会议类空间，面向新林院的是书画空间，澜园餐厅则改造成演艺类空间。我们的标题是园中院，整个照澜院是以水景绿化为中心的园，周边环绕建筑体，东侧较灵动，西侧较规整。西侧对应二校门的轴线实则是四进院落空间的"院"，每进院落被赋予了不同的特点；澜园餐厅较大的旧建筑体量也被打散成为立体的"院"。同时通过二层平台连接各个部分，增大了户外活动空间和层次，以及空间结构的丰富性。院落空间采用将绿植引入建筑内部的方式来营造更加丰富的园林化的空间嵌套，能够让进去学术小镇的人体验到坡屋顶下空间的多样性。

教师点评

这个设计中在旧建筑改造的前提下引入传统园林以及进院式的院落空间，很有特点，也很有挑战，应对清华园传统皇家园林的背景，是个大胆且有意义的尝试。方案成功地建立了丰富的空间层次，化解了原有呆板的建筑体量，塑造了具有中式意向的建筑空间体验。建议对于建筑的坡屋顶形式、北方园林的营造以及传统意向的新表达方式进行更为深入的研究和探讨。

校园水系规划　　　　轴线　　　　原地段交通

引入水系　　　　院落组合空间　　　　总图

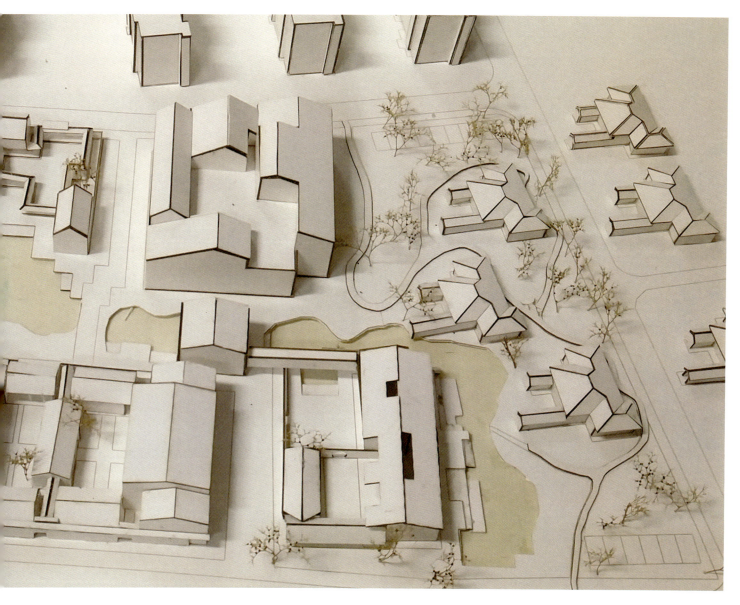

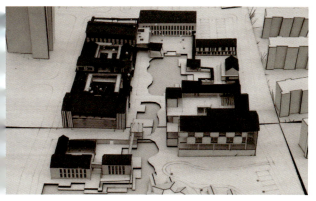
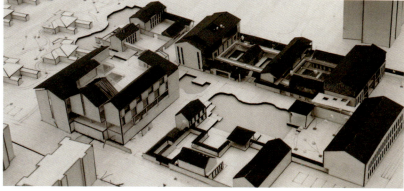

园中院

学生 | 曾艳阳

照应二校门轴线的是进院式的园林空间。功能分为两个部分，邮局靠近二校门，人流量较大，功能为餐吧类空间，结构尽量保留原来的墙体和柱子。邮局改造的立面通过开大片的落地窗增加餐吧空间的通透性，吸引人进入进院式的空间。

这四进院落以沙龙会议类空间为主，包括最南侧有三百人会议厅和展览功能，整体的立面处理引入格栅的元素，增加与人的亲切感。它主要的交通流线是二校门过来这条中轴线除了中间这条轴线之外，东西侧分别有进入院落的入口。第一点在西侧临道路的地方保留一个完整的界面，东北面朝向大的院子通过开窗，和灰空间的引入形成开放的空间界面。第二点是加入二层平台连通南北空间，二层的连接平台成口字形，丰富了院落的空间结构，增加了人们户外活动空间。第三点是将园林的绿植引入室内，通过对于一层和顶层开天窗引入绿植，突出了园林的特征，给人以坡屋顶下多样的空间体验。

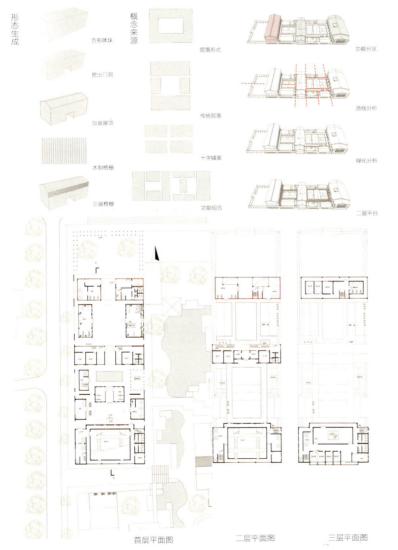

首层平面图　　二层平面图　　三层平面图

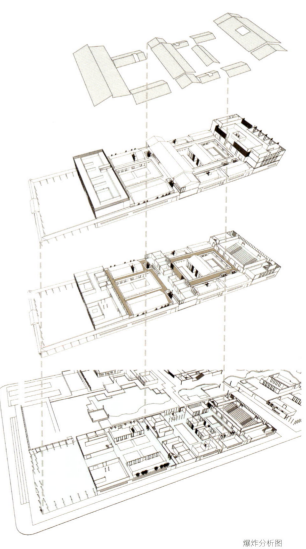

爆炸分析图

园中院·墙内

学生 | 赵逸祥

演艺空间由场地中原澜园菜市场改造而来。改造后的空间以原本建筑的柱网结构为基础，保留了原建筑的楼电梯。

改造主要关注的是两点：一是如何让这样一个大体量的建筑更好地融入场地规划的"园林"概念中，因为场地中其他地方多是由小体量建筑组合形成的院落空间，所以菜市场的改造通过在三层进行局部的压低，在顶层形成一个凹进，在视觉上形成体量缩减的感觉。二是希望在演艺空间这个独立的建筑中引入"院"的概念，具体的操作是在建筑体量内划分出室外空间，室内外相互融合。例如，地下层多功能厅旁边的景观水池是与一层室外相连通的空间。建筑的二层有用于采光的玻璃景观盒，顶层的凹进形成花园，与南侧新林院相照应。

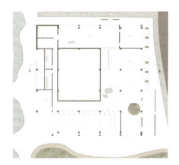

首层平面图

二层平面图

三层平面图

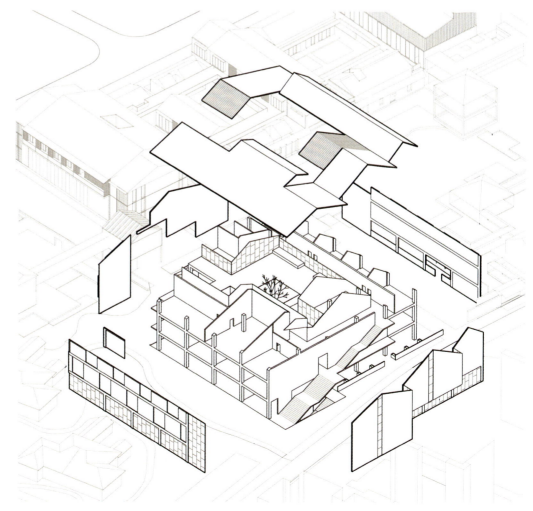

爆炸分析图

CHAPTER 3

指导老师 | 刘念雄

彼时此刻

学生 | 董灵双 李沐晗
指导老师 | 刘念雄

设计说明

对于这个学术小镇,我们以学生的需求为出发点,将其归类成两种可能的空间模式,一种是像后海一条街一样喧闹有活力的休闲空间,另一种是像情人坡北院一样宁静安逸的学习空间。根据空间氛围,我们将他们抽象成线性空间的主干道和周围的围合空间,并有机组合,形成了现在的空间结构。我们根据功能要求给围合空间赋予了不同的氛围。

交通流线上,将主干道打造成立体的交通系统,根据学生习惯,将自行车道引入并置于主干道一层。之后利用各个围合空间的连接,创造了一条漫游性的步行系统与主干道交织,注重空间的多元性和开放性。

教师点评

从单体与组团功能出发生成方案,与环境的关系及整体建筑处理比较完整。单体有特色,整体也很协调。组团空间关系架构清晰,图纸表达清楚,建筑细节处理到位。在城市肌理、围合广场界面、建筑架空等部分可以做更细致的推敲,并关注演艺中心的空间声学问题。

彼时此刻

学生｜董灵双

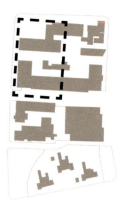

传统的学习空间通常是比较封闭的，缺乏多种形式的行为。所以，如何增加超市和邮局的开放性使得这片场地成为灵活空间是考虑的重点。超市部分新增设L型空间通过边界凹凸来增加室内外的沟通，邮局部分利用一个交通和停留的边庭来形成一个内外的过渡空间。围合庭院用一条步行栈道对南北建筑进行沟通，利用矮墙，格栅密柱等弱分隔将庭院分成不同的可沟通空间，以此使这片场地形成一个多种形式的开放空间。

一层平面　　二层平面

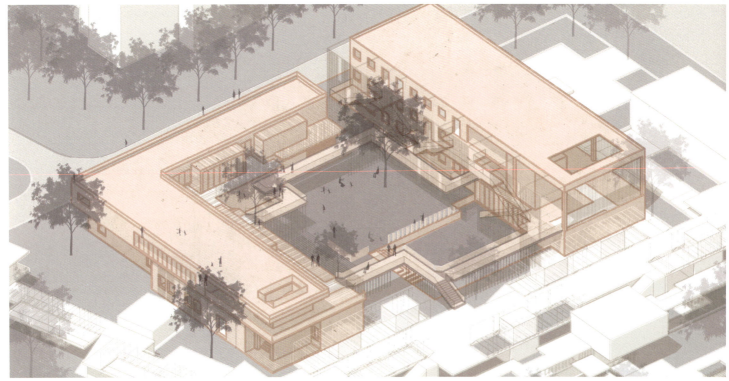

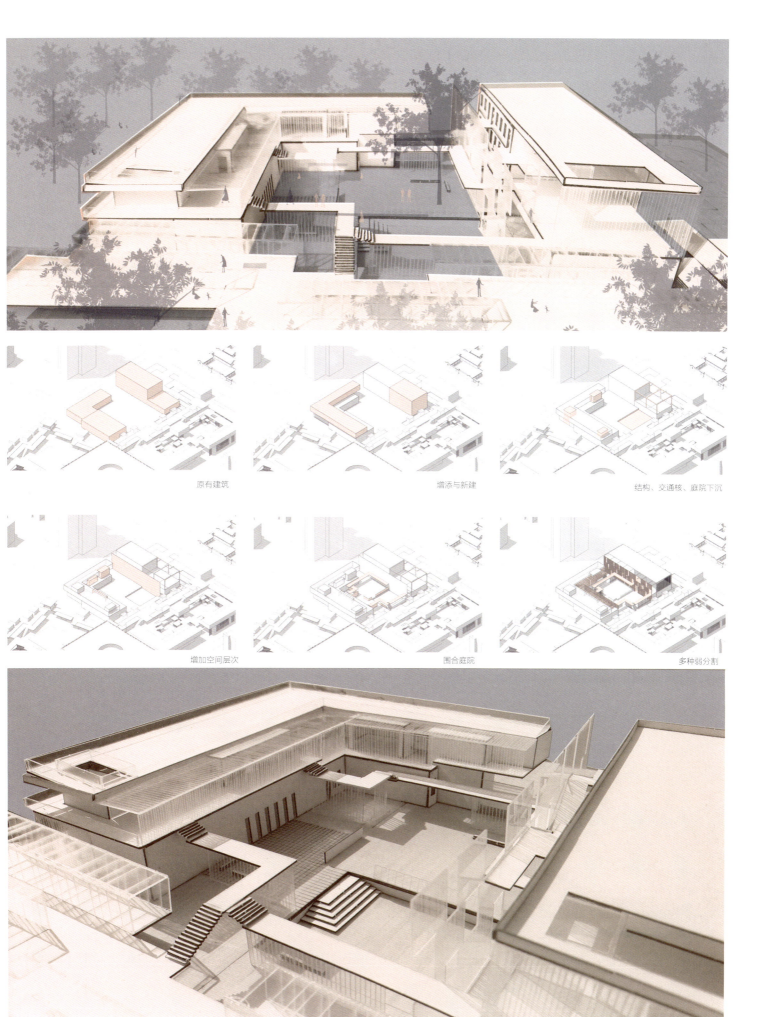

彼时此刻

学生 | 李沐晗

　　传统演艺空间重视内部黑暗氛围和向心性的营造，以此来激发仪式感，强化艺术感染力。但也会产生外部消极性。本设计尝试在保留冥思空间氛围的同时利用过渡、视线延伸等手法获得多层次的开放性。首先利用一套双层墙结构，结合垂直交通，形成了具有暗示性的过渡空间。在一层设置小型实验剧场，配合水面舞台和灰空间廊道，形成了水和建筑互相浸入的呼应关系。在二层，设置了可开启式的剧场空间，与穹顶空间融合。隔音教师教室和琴房也围绕核心空间布置，强调其向心性。剩余部分为具有咖啡，放映等功能的综合性空间，增加空间功能多样性。

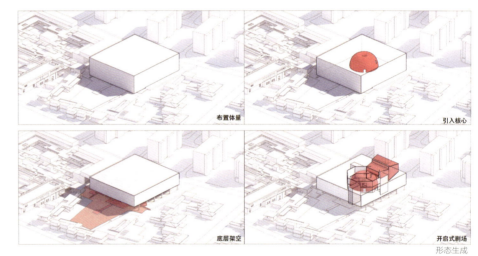

布置体量　　引入核心　　底层架空　　开启式剧场

形态生成

室内透视

A-A 剖面　　　　B-B 剖面　　　　西立面　　　　南立面

一层平面　　　　二层平面　　　　三层平面

Interaxial Voxel

学生 | 李珂 高乐桐
指导老师 | 刘念雄

设计说明

整个地段分为 A、B、C 三个部分，在保留既有建筑中超市的西侧部分、邮局主体以及澜园框架的基础上，以新林院方向格网与南正方向格网叠加，形成整体方案形态构成的框架，加入一组贯穿整个场地的架空廊道，联系各个建筑。

场地调研方面，照澜院需要加强南北向交通和视线沟通，作为学术小镇，希望拥有更具有集会性和功能性的室外公共空间，在提高空间丰富性和趣味性的基础上，提供自由的交通流线。

形态构成方面，将既有建筑邮局和超市西侧保留部分通过廊道和内院连成一体，与既有建筑澜园食堂改造形成的新建筑形成西北、东南相互对应的"锚固点"，对漂浮的红色廊道进行固定。场地的廊架系统均以 8m×8m 和 4m×4m 为基础模数构建，该模数源自澜园食堂原有框架结构的尺寸。

教师点评

方案工作量饱满，设计和表达充分。方案时尚、活泼而富有趣味性，有成为"网红打卡地"的潜质。在南北格网系统与新林院网格叠加，建筑风格与原有建筑风格的关系，公共空间的气候应对方面，尚可进一步深入考虑。

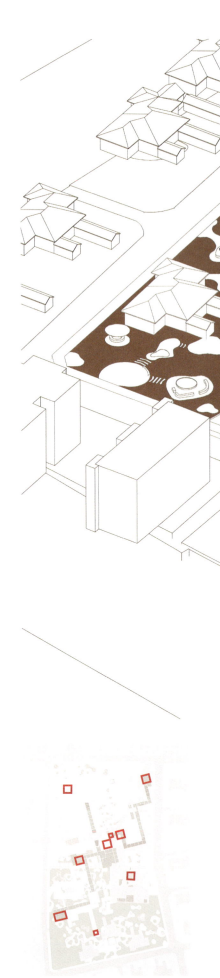

垂直交通

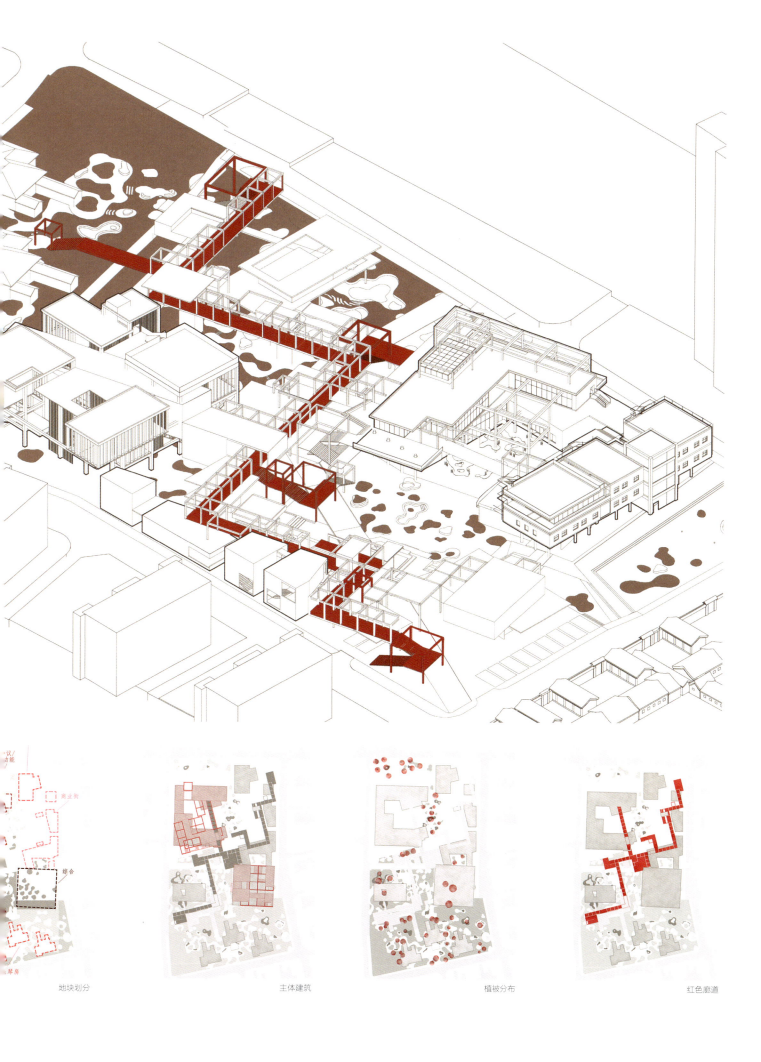

地块划分　　　　　主体建筑　　　　　植被分布　　　　　红色廊道

Interaxial Voxel

学生 | 李珂

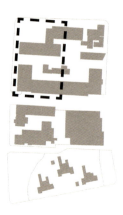

　　既有邮局与超市形式散乱，将邮局和超市合并和空间一体化改造，形成一个围合、私密的内院。

　　邮局改造将底层大部分架空，沿着新增格网系统安排报告厅，采用大面积幕墙增加通透感，减少体量感，为了保留既有建筑的记忆痕迹，邮局二、三层，部分拆除非承重墙，植入新墙体，共同构建新的分隔，强调似门非门的空间感和陌生感，满足展览空间的连续性和多边性。邮局南侧增设边庭空间，由四层红色、磨砂格栅分隔，空间丰富、楼梯交错穿行其间，邮局南墙拆除部分窗户的窗下墙，作为连接内部展览空间和边庭的通道，组织成丰富而连续的参观流线，以统一红色铺装，衔接内外，导引人流。

　　超市部分改造为西餐厅、书吧，体现流通空间与通透性，立面大量采用玻璃元素，蜿蜒流动在室内和内院之间的连续曲线桌椅，消解室内外的界限感，贯通上下层书吧的大书架将天光引入室内，赋予流通空间轻盈的质感。新建部分采用8m×8m模数柱网，与整个场地的建筑群相互呼应，超市二层部分着力营造一种体量上的"漂浮感"。

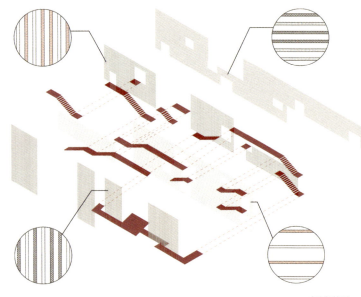

立面爆炸图

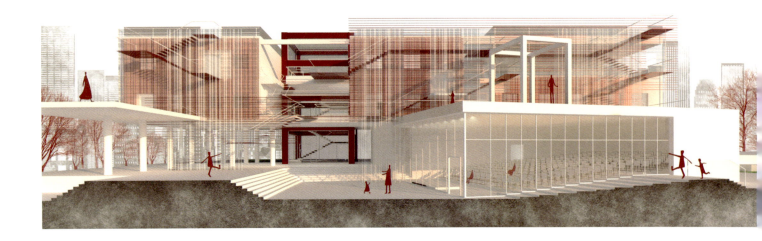

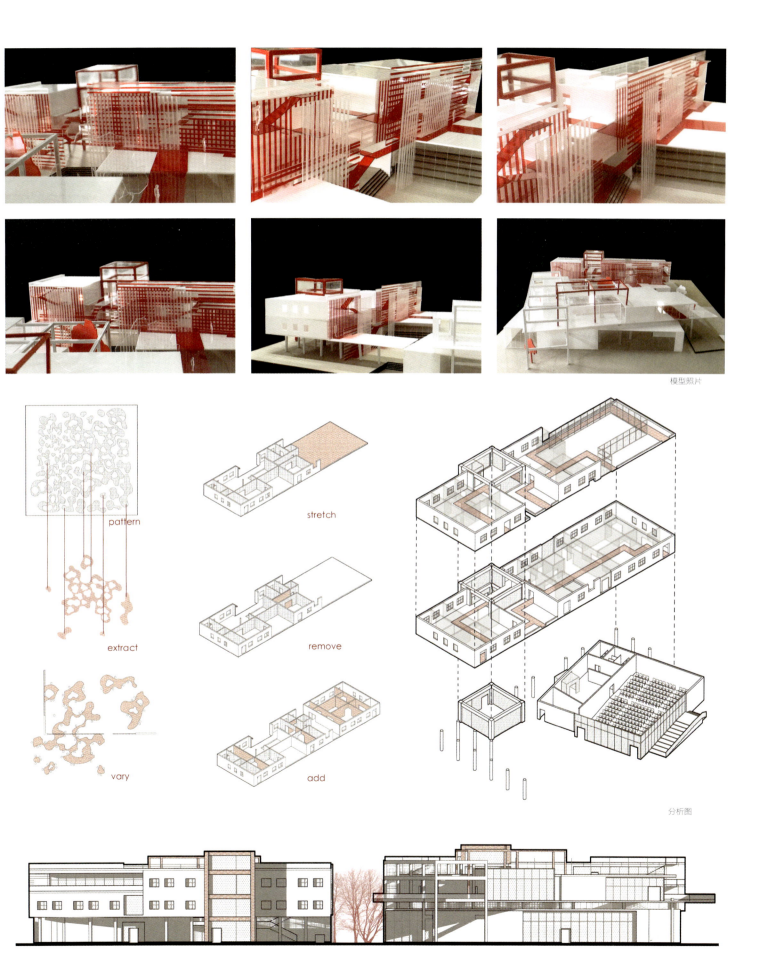

Interaxial Voxel

学生 | 高乐桐

改造后的澜园食堂功能上集中了学术小镇所需要的各种"小教室"——社团活动室、会议室等。在原有交通体系基础上，以新叠加格网为基础，植入一个开放的玻璃盒子公共空间，一方面减小了澜园食堂的体量感，减少了对北侧室外环境的影响，首层架空，北侧立面增加采光面，增加了建筑的整体通透性；另一方面，丰富了建筑立面的动感效果，以格网为基础的空间形式，与周围建筑相互融合。

澜园食堂北侧的商业街是场地中最具活力和商业氛围的场所，双层立体街道，增加"街巷"感和日常生活的"烟火气"，点状建筑提供多样化的服务功能。

室内透视

剖透视

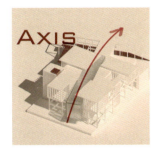

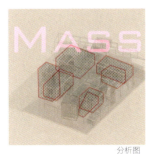
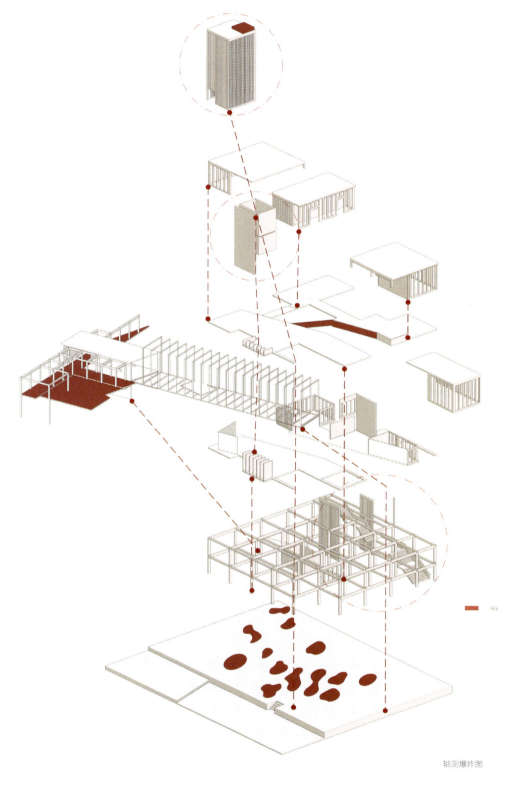

分析图

轴测爆炸图

Transition

学生 | 吉博文 姜欣然
指导老师 | 刘念雄

设计说明

整个地段的设计起点是从功能考虑，由于周围都是居民楼，而且离教学楼很近，因此希望设计成为整个地区的绿化核心，设计了类似L型的下沉式地下森林，一个休憩聚集，餐饮商务多功能半隐蔽绿化广场，进而围绕广场进行体块的排布。通过体块架空，廊道连接，加上地下森林实现高度变化，地面用不同大小形状的斑点来引导流线和营造停留的空间。

教师点评

该设计方案具有一定的创意，为校园生活空间的改造提供了一种可能性；地下森林的景观也为营造整体场地的舒适氛围提供帮助，但同时也存在一些问题，如各地块之间的联系还不够紧密，手法不够统一，廊道流线的穿插还不够严谨。

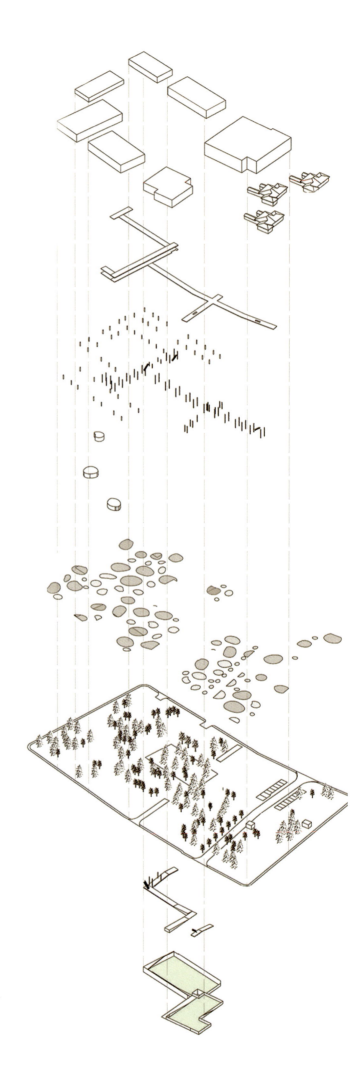

Transition

学生 | 吉博文

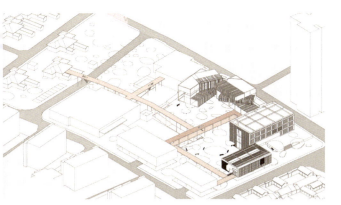

场地西北角的两块区域作为会议展览区，便于校外人员与会和参观，正对二校门位置营造入口氛围，地下森林西侧通过体块的扭转交错出学习阅览空间，打造室内外灵活过渡穿插的图书活动区，为场地引入活泼的元素，与室外绿化讨论区结合营造自然舒适的学习阅览氛围。

Transition

学生 | 姜欣然

对澜园改造的主题是过渡，首先保留了柱梁板，根据功能上的过渡，从需要大面积的餐饮功能的食堂向只需要小的公众空间和小功能的使用面积的学生活动中心过渡，提出了屋中屋的概念，即在现有的结构体系中插入体块，将大面积的整层楼板区分开。其次为了让体块产生漂浮的感觉，也为了顺应地段的呼应，将楼板旋转了15度，使得方块之间产生了三角形的吹拔，用廊道来连接楼板和体块，形成了密闭区域和公共区域的过渡，再次在建筑内插入了大小不同的模糊室内外界限的玻璃体块，来达到室内外之间的过渡，最后确定木格栅作为外立面，希望保证采光的同时，也能保证立面的纯粹。

飘

学生 | 冯炳森 汤培源 林俊逸
指导老师 | 刘念雄

设计说明

D 地段是汇聚主要人流的位置，因此在 D 地段的悬空廊道之内是一个较大型的广场，广场上有一条自由曲线串联了绿化，导向 C 地段。

D 地段的邮局功能设定为演艺类，改造设计的概念来自于中国传统的木偶戏，将小琴房视作木偶悬吊在邮局的天花顶上，并在邮局右下角打开一个玻璃窗口来展示悬吊的小琴房和楼梯。C 地段的澜园超市功能改为餐吧类，在保留原本建筑墙体位置的基础上，屋顶顺应 D 地段改造后的小琴房的错落，屋顶也做成了由西到东逐渐降低的形式。廊道的功能主要是展示 B 地段中陶艺中心和画室的学生作品，并由 D 地段直接导向 B 地段中的画室院落。

教师点评

该设计方案具有一定的特色，北部的曲线形廊道使场地流线变得活泼。但主要建筑元素之间整体性还需加强，各部分形态过于凸出，还不够融合和相互联系，表达的系统性和深度也有待提升。

飘

学生 | 冯炳森

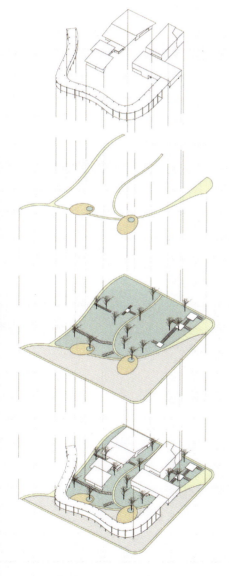

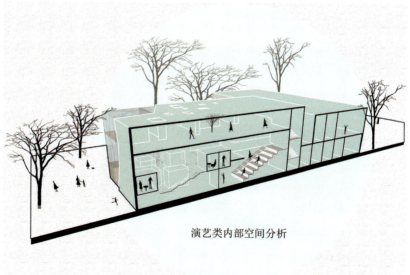

演艺类内部空间分析

飘

学生 | 汤培源

我给方案取名"飘",一是指像飘带一样形式的新建书画苑,仿佛飘着一般地连接着地面层和二层;二是代表了在大学这一远离家乡、独立社会的"学术小镇"中的人们,他们有着高于现实的理想。这有时是洒脱的,有时又代表着迷茫。我相信这不只是我的个人感受。"飘"着的人们在这空间中穿过蜿蜒的画廊,在底层架空的空间上听着报告讲座、进行社团活动或者是生活购物、饮食娱乐。就像是街道延伸着走上了楼层,但他绝不仅仅是一个"快速通道"或者"观景走廊"之类的乏味连接桥,而实际上是一个线性的功能流线,承载着合适的功能。但是形式上的统一工作还没有得到充分的解决,带状空间与块状空间的连接过渡问题还是我以后需要更多学习的内容。

模型照片

飘

学生 | 林俊逸

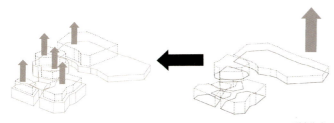

形态生成

    A 地段的静谧正好可以作为 B 地段的休息场所。B 地段的西面设定为音乐中心，中心的体块按照泰森多边形的逻辑摆放，二层则是向里面推进形成空中交通流线，视线上与一层有交流。

    B 地段的东面是旧有的食堂澜园，保留了原有的基本结构体系，在外形上则是有曲折变化，和音乐中心有形态上的交流。二层和三层有一个错位，形成的空间可以用作户外交流平台。

    新林院的道路沿用了音乐中心类似的道路系统，作为整体的呼应。房子用作艺术教室的用途。这里安静的环境适合作为艺术创作的场所，也可以作为休息、饭后散步等作用的场所。

模型照片

CHAPTER 4

指导老师 | 饶戎 朱文一

Light Box

学生 | 崔佳玉

  我负责将邮局和超市改造为服务于校内爱好者并向社区开放的摄影艺术研究中心。方案整体上延伸了二校门轴线并形成广场的转折。主要设计概念基于空间的交叠，形式上方盒子的堆叠、穿插与功能上既有独立又有渗透相互交织的要求相一致。以一条开放的环路流线作为组织盒子的基础，以空间对光的要求为主导决定其构成与通透性。内部公共空间企图以灵活纤细的网架结合光影变化营造线性交错的空间氛围，并为融合展览提供灵活可变的装置。延伸到街道的通透玻璃盒子（临时展厅）在夜晚化为照亮街道的灯箱，点亮小镇活力。

教师点评

方案在之前复杂的形式与秩序系统中融入了与之契合的"生活"，营造出的生活化场景让建筑更具生动鲜活的"内容"，邮局部分改造与二校门的呼应关系处理得好；不足在于将轴线延伸到场地后却被建筑体量堵住戛然而止，应当把这部分体量设计得更加通透。

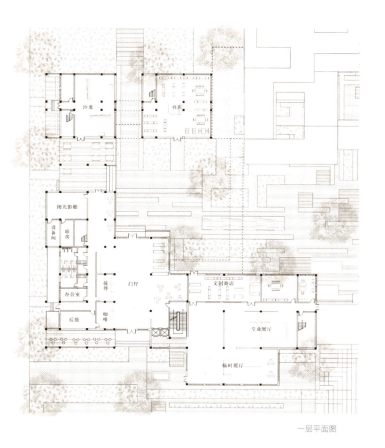

一层平面图

二层平面图

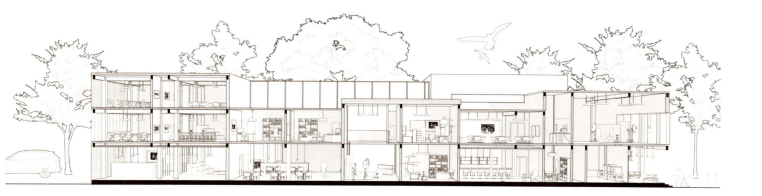

莎士比亚书店

学生 | 刘翘楚

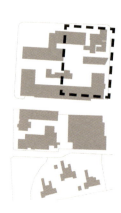

　　从目标人群活动时空转化特性以及场地历史规划出发，诞生了整体规划方案"交叠"的概念。在该文学研究中心区域的设计中，功能上整个建筑空间从下至上由公共变为私密，层层叠加，在各层之间通过连廊、中庭、通高、高差、跃层等多种形式将包含学习、交流、研究、展示、饮食在内的多元功能有机组合起来。这种空间形式也寓意着多种思想与文化不分高低，在这里交融，在除功能层面的垂直叠加之外，也实现了对于交叠社会性内涵的阐释。设置在建筑群三个转角的垂直交通间配备与外侧成八字形回环链接的廊道，在追求空间多变、层化、叠合的同时保证了各个功能区的易达性和使用方便性。

教师点评

方案在之前复杂的秩序与形式中融入了与之契合的生活层面的设计，营造了充沛生动的场景氛围；但在建筑表现上可以更为大胆，采用更为激烈夺目的表达方式展现设计意图。

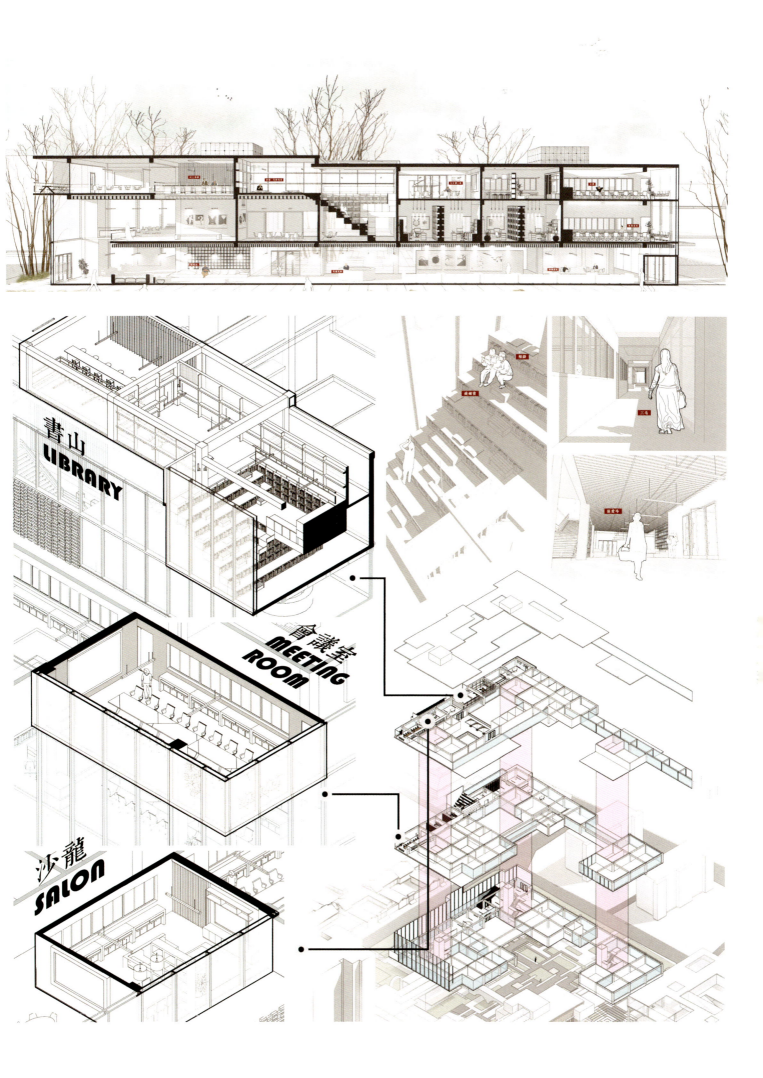

消隐

学生 | 相龙

出于保护新林院地段原有旧建筑的目的，根据前八周的规划，地段建筑主体位于地下，地上部分呼应北边三个地段以及新林院地段原有旧建筑秩序，后来将地上部分取消，新林院地段作为绿化与地段西边胜因院绿地融为一体，地下部分以前八周规划中的下沉广场为主要入口，作为小镇的收尾。地下部分避开旧建筑，位于地段西北角，北边的轴网呼应北边三个地段，南边的轴网为了呼应新林院地段原有旧建筑而偏转了一个角度，两个轴网之间布置了下沉庭院以及开放式的报告厅等公共、辅助空间。因为建筑位于地下，没有立面，所以后八周将精力放在室内部分。室内为清水混凝土与红砖、木材、黑色金属的搭配，暴露结构以清水混凝土、红砖与水磨石地面等作为与地段原有旧建筑的呼应。因为将任务书设定为古希腊雕塑研究中心，所以在展厅设置了柱廊。建筑一、二层宽阔的走廊以及开放的空间也成为临时展览最好的场地。

教师点评

方案在之前复杂的秩序与形式中融入了与之契合的充沛生动的生活场景。就新林院地段认为在建筑表现上不够大胆，"高级灰"并不能充分表达设计。

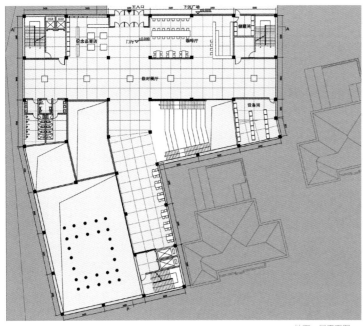

地下一层平面图

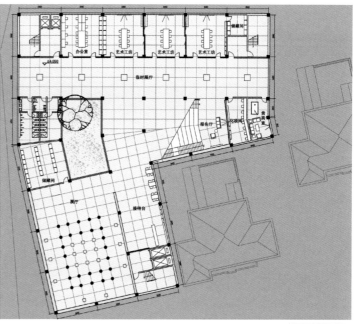

地下二层平面图

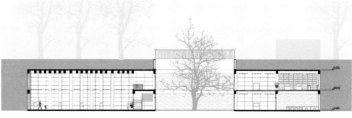

光之谷

学生 | 赵祺

基于学术小镇的整体规划，在对澜园食堂的改造过程中保持了其原有的比较方整的体量，与西侧下沉广场形成虚实的对比关系。保留了建筑的原有结构体系，通过中庭的设置对体量做减法，解决大进深建筑的采光通风问题，并通过各层中庭位置的错动避免阳光直射，所有公共活动空间的设置均围绕阳光中庭展开。正对地下层入口的大台阶将阳光和流动的空气引入地下层。一层设置咖啡厅、书吧等可独立于剧场全时段对外开放的功能，使话剧中心的大体量与周围有所渗透。考虑到东侧道路较窄，故在东立面三、四层位置设置室外露台，削减建筑对道路的压迫感。

教师点评

在前八周复杂秩序的基础上加入了每个人想要表达的点，融入了更加生动的使用情景。但模型制作上的小失误对最终效果呈现有一些影响。

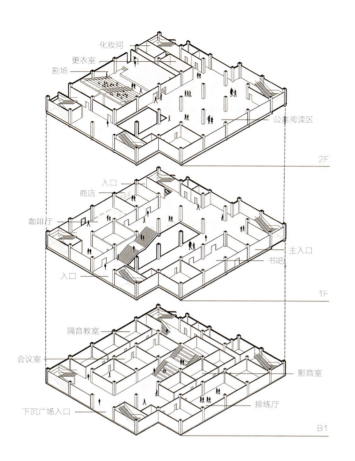
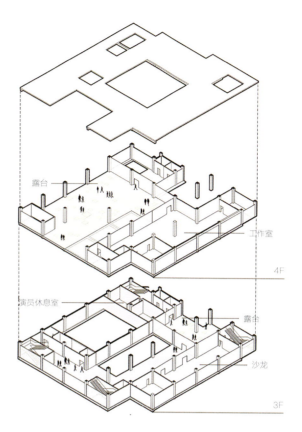

西街

学生 | 董欣儿

  本设计着重表现了三条轴线，我主要设计地段西侧一系列南北纵向排开的"食物种植体验区"，这组建筑考虑将西边主要道路的人流横向引入场地，并且建筑组织自身形成一条清晰的竖构逻辑，主要以二层坡道体现，该坡道串联室内外的错层交通节点，与屋顶阶梯平台相连（设置天光），通过高差处理从室内隐约可见穿行趋势，在尾声以深入水中的甬道形式延续这种趋势。东侧与架子的叉形空地处理手法是，将其分为三段式，从人视点出发，以错落的店面墙体营造的小尺度绿化商业街道开端，进入到一个循环沟通架子（种植区）与烹饪楼（开放式厨房）的巨型坡道，营造庭院的氛围，是餐饮美食的核心所在，最后放开进入一个空地（美食广场），可以隐约感受到与视线平齐的开阔水面，往南再走一点，水缓缓跌落，人沿台阶走上登临水面。

教师点评

这组建筑还需做得更加细碎，更加打消体量感，与水面曲折的小亭子需要更加融合。将邮局拆除一半，层高降低一半，过于强硬了。图面没能很充分地将构想的一些小空间表达出来有点遗憾，比如在地下酒吧的水岸侧，原先设想的"地下森林"等暗示水面的场景没有表达出来。

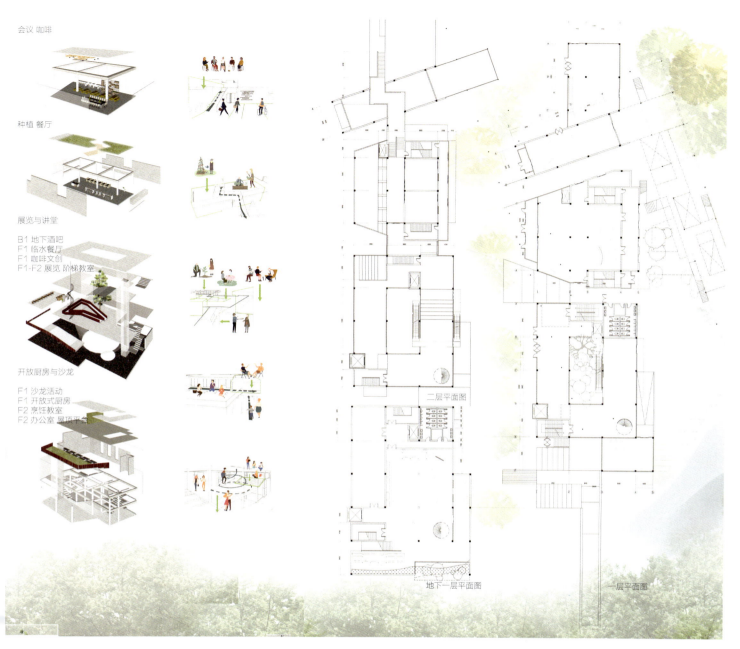

会议 咖啡

种植 餐厅

展览与讲堂
B1 地下酒吧
F1 临水餐厅
F1 咖啡文创
F1-F2 展览 阶梯教室

开放厨房与沙龙
F1 沙龙活动
F1 开放式厨房
F2 烹饪教室
F2 办公室 屋顶平台

地下一层平面图　　一层平面图　　二层平面图

Mozart in heart

学生 | 李钧泓

设计延续了前八周"三条轴线"的概念,以电音工作室为主题进行学术功能的改造。建筑形体为南北两个长方形体量通过环廊联通。北侧体量以原服务楼为基础,调整层高,所有层有共同的主题:学术研究,但每层有各自的分主题,并在廊道中加入休闲研讨功能,活化学术氛围。南侧主体建筑有向下半层的错层,目的是增强建筑前后的层次感、增加与广场的互动。南北对应层通过错落的廊道连接,借助错层形成螺旋形流线。中央形成作为电音舞台的核心空间,根据使用人群可结合廊道布置进行功能的微调,如学生——排练,居民——展览。

教师点评

设计与前八周规划的廊架之间的联系表现得不足,在廊道的布置上还需斟酌。对于整个场地规划来说,若要强化东西两侧松紧度的差异,可以压缩广场,进一步增大体量。

一层平面图

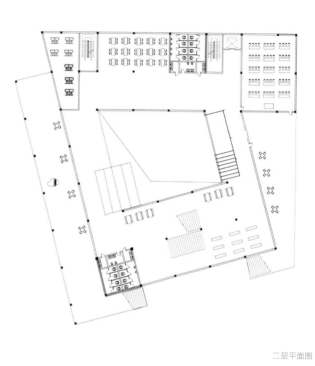
二层平面图

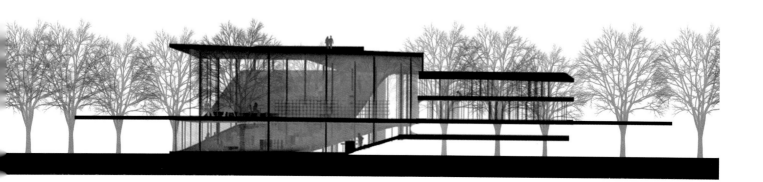

如戏 入戏

学生 | 左玥

　　我主要设计地段南侧照澜院食堂以及小别墅及水面区域的改造，这片区域的主要功能定位是作为戏曲研究中心，承担着剧院文化活动功能。其次，该设计的主要特点是浸入式体验，将整个场地转化为多重意义的舞台，人观戏，同时也入戏。为了增强场地空间的积极性，形成了一条艺术环路。在室内，环绕中心的剧场，在周围形成了环路，在这条环路上，有从展览与临时表演功能结合的展览空间，到休闲餐饮与临时小表演相结合的休闲空间，将人群日常参观和休闲功能与舞台表演融合，使人更能身临其境。在室外，回应廊架的衔接，在二楼形成一个斜向的空中舞台。同时也将舞台延伸到别墅区域，借助周围绿色的环境氛围，进行氛围烘托。

教师点评

北侧从剧院中伸出舞台处理不错，照应了贯穿的廊架，但是在剧院后面呼应的景观部分，只是从水面做了延伸步道和水上亭台，从延展与暗示的力度上有些偏弱，可以再强化一些。

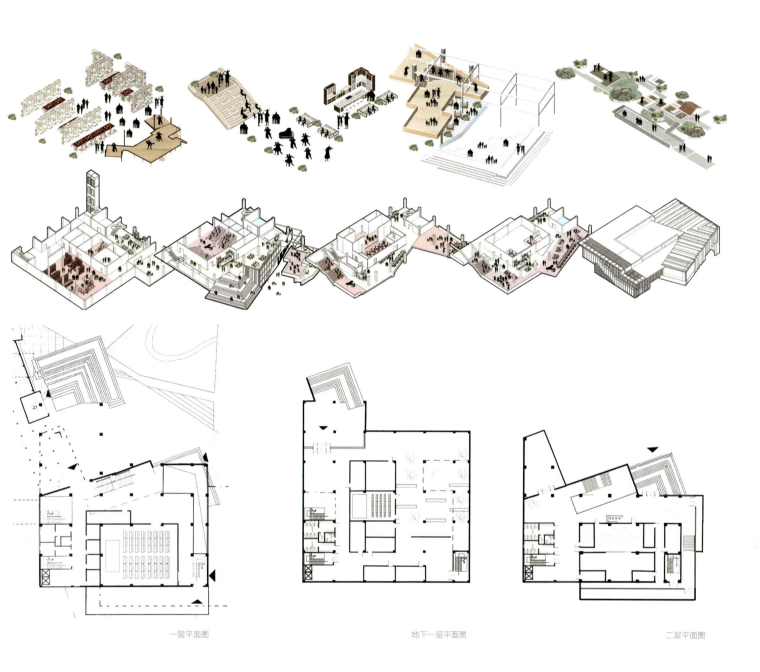

| 一层平面图 | 地下一层平面图 | 二层平面图 |

见山

学生 | 董杰

方案核心概念为历史河流，冲刷现有地段完成更新。取河流高山流水意象，设想经过高山（服务楼），流过峡谷（草坡和广场），面向山峦（澜园改造），到达平原（新林院）为两面的分割和开放寻找平衡点。我设计澜园、新林院、西面林地。将长体量插入原澜园，考虑地面与步道人群感受。其次用咖啡厅软化与地面关系。新林院独取一座与澜园对话，其余结合景观形成软入口。西侧林地顺应南北与地段呼应。重点设计的澜园餐厅旨在与城市对话，体现在两方面——类型的可读性和功能的相对开放性。完整体量有明显设计意图，而旨在服务于城市景观的设计使得体量虽然方正但是依然可以通过与步道、学术沙龙、室外展厅、北侧草坡、东西入口、西侧林地发生交流而与城市对话。功能上结合分析设置定格动画展厅和国际交流活动室，衍生的合作工坊作为建筑与不同人群的互动场所。

教师点评

方案的单体建筑设计较之前八周规划方案处理得更好些，所取的自然意向也值得肯定。

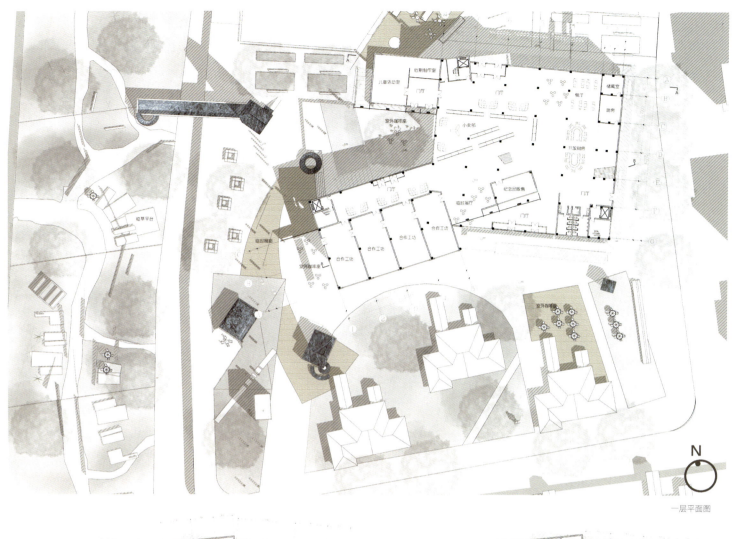

一层平面图

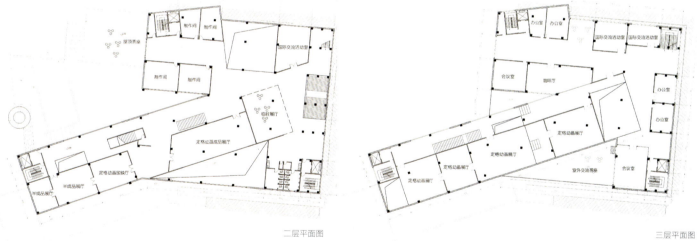

二层平面图　　　　　　　　　　　三层平面图

CBGB

学生 | 张雅沛

设计的出发点在于，以摇滚乐爱好者的行为为线索，将照澜院地段北部区域改造为演艺为主的活动中心。地段上设置了两个主要的演出场所，而更多面向公众开放使用的区域呈现出相互连接与观望的状态，为偶然经过地段的路人提供了解摇滚艺术的契机。

教师点评

"难以看出摇滚乐的张狂气质"，并且建筑和步道之间的交接关系值得商榷，尤其是剧场直接切去一角的手法过于简单粗暴。步道的形状源于前八周对河流与人的思考，后八周下意识地用建筑去适应步道，而未能让二者发生更有趣的关系。因为对无来由或过分琐碎的细节感到困惑，所以最终成果表现出眼高手低的细部缺乏状态。建筑体量的庞大也多少消解了原本推敲空间对比方案的热情和乐趣，这实际上也是控制力不足的表现。

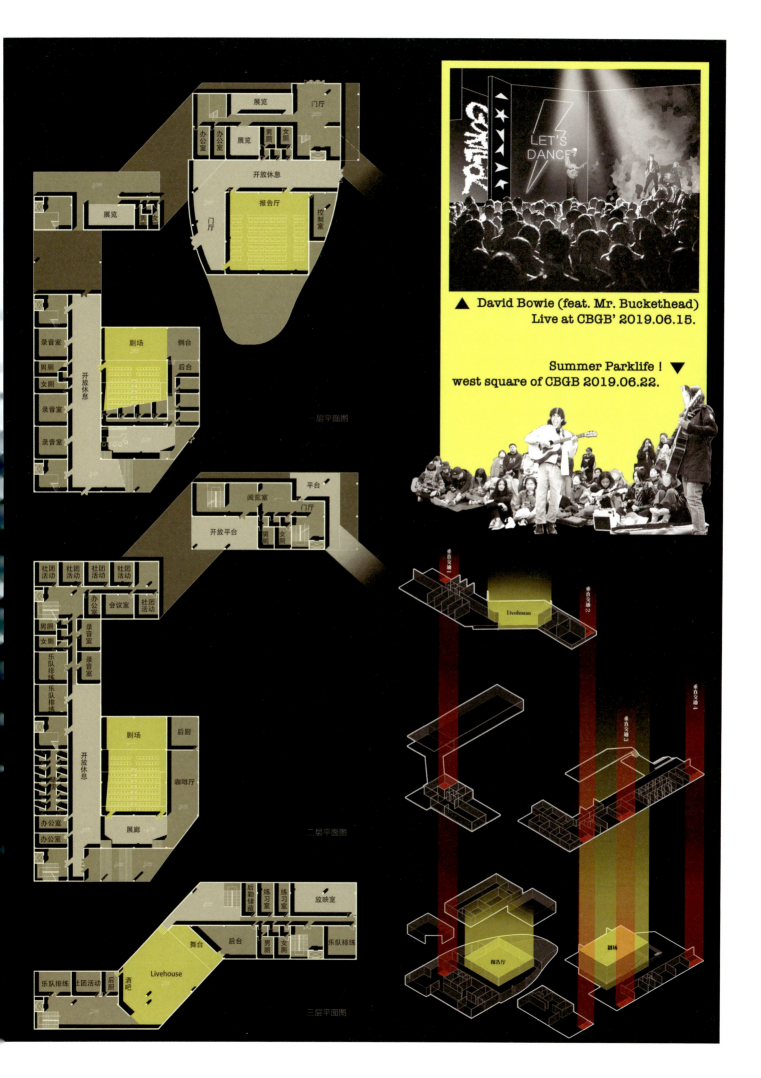

九院

学生 | 左斯创

设计重心偏向地段北侧，由新林院轴线与两条垂直的次轴线控制，将地段分为北侧群组、中西侧单体、东侧大广场和南侧绿化四个部分。建筑均以功能箱体的方式进行组合，再从高差、吹拔等角度入手创造公共空间。个人设计的单体作为视觉艺术中心使用，是与下沉广场接洽的二层建筑，分为画室、工坊、工作室、展厅等部分，根据不同的功能属性、采光要求和到达可能进行内装修、立面设计和动线规划。

教师点评

单体建筑内部的处置和最终图面表达能够达到设计深度，但整体规划没有做到应有的细致程度。外部的广场、道路等公共空间没有表现出来，场地缺乏逻辑支持的规划。

CHAPTER 5

指导老师 | 王辉

叙构

学生 | 刘馨忆 赵丛丛 赵小荷
指导老师 | 王辉

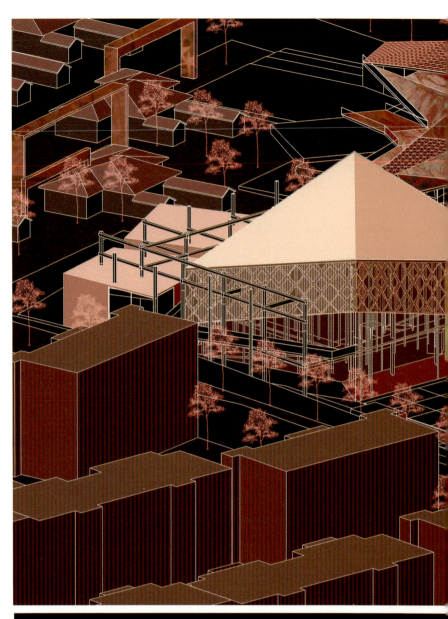

设计说明

虚构的叙事，其实是真实的载体。"叙构"的概念从"看与被看的舞台"出发，我们希望在这个地段的规划里，能够体现出两个特质，其一，即一个被看的主轴与一些观看的单元，这个主轴同时也能够观看序列排布的各个单元，形成一种对望的关系，其二，主轴也是一条叙事路线，起着承接每一个不同功能区块，构成完整叙事的作用。于是在我们的规划里，将餐饮空间、书画空间以及演艺空间分别布置在一条具有表现力的主轴两侧，就仿佛观众席与舞台。

教师点评

在合作过程中，每个人的设计的特质和个性都很明确，也将自己的概念很强烈的表现出来了，展现出了对设计的热情。三人各具特性的建筑合在一起也没有突兀感，整体的配合和协调性很好，形式感同样也很强，很有表现力。图面表达方面很大胆，敢于尝试表现性很强的图面塑造方式和强烈的色彩，艺术性较强，模型制作的材料使用和细节处理也很新奇惊艳。

需要提升的，一是对于整个场所的设计考虑存在一些过度设计的倾向。二是每一个单独的地段设计是很完整和谐的，但放在清华校园的大背景下可能有一些不协调。

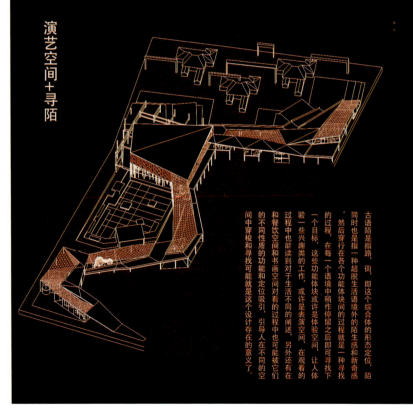

演艺空间+寻陌

古语陌是指路、街，即这个综合体的形态定位，同时也是指一种超脱生活语境外的陌生感和新奇感的过程，在每一个语境中稍作停留之后即可寻找下一个目标，然后穿行在各个功能体块间的过程就是一种寻陌的过程。这些功能体块或许是体验空间，或许是表演空间，在观看的过程中也能读到对于生活不同的阐述。另外还有在和餐饮空间和书画空间对看的过程中也可能被它们的不同性质的功能和定位吸引，引导人在不同的空间中穿梭和寻找可能就是这个设计存在的意义了。

餐饮空间

书画空间

餐饮空间设计的主要概念有两个，一个是天光元素的引用，因为我认为，在餐饮空间这样功能性很强的建筑内，真正能够打动人的往往不是他的本职功能，而是人们在这样一个功能空间中所发生的生活场景。圣经中说到，"日光之下，并无新事"，但我认为日光其实是很多场景记忆的光带以及在部分区域设置大小不一的光盒子。这些光带在平面上保持了延伸下来，成为建筑侧面的开窗。这些光带在建筑的立体延伸下来，成为建筑体侧面的开窗。主要通过一些独特的功能区域来实现的，日光的效果叠加在一起可以形成多样的空间场景体验。

如在光盒子中设置了一个表演性质的开放厨房，增强了使用者和厨师之间的互动性，同时也契合了一种庄重的氛围。另外，顶上的天光给烹饪者带来一种仪式感，被看与看的大概念，书吧中还设置了书架游廊等。

在以创作为主的书画空间，我们可以借由什么来激发灵感？我们需要乙种不同的新生活体验在此过程中得以体现。沉浸式戏剧的笃定与沉浸式戏剧设想，"戏剧Z次方"的概念应运而生，在立体化的空间组织下，以六次方的累乘叠加操作，来实现人们对熟悉记忆场景的再定义以及新型外部则打开面向巨构的两个体块，作创造。我们以玻璃体回字形的巡游平台为一次方，以3m3m模数的不同体块原子为二次方，四次方核心体块随后组织起交通流线网络，实现各色演绎。体块舞台空隙可能撞出的微观平台作为多元共享平台，成为第五次方。最后，当人群活动在现实中进行介入，产生的乙种碰撞，又将带给它无限可能。

总平面 1：1000

叙构·寻陌

学生 | 刘馨忆

　　观演主轴"寻陌"以及演艺空间的概念来源于在漫游中寻找平凡生活语境外的 N 种可能性，古语陌是指路、街，即这个综合体的形态定位，陌同时也是指一种超脱生活语境外的陌生感和新奇感，折带形的寻陌蜿蜒穿过整个地段，同时我在折带形的檐顶下布置了一些高低不一的功能空间，折带本身也做了一些剪折的处理，部分高起，部分落下，这样本身的体量也有所消解。漫游在寻陌上下，穿行在各个功能体块间的过程就是一种寻找的过程，在每一个语境中稍作停留之后即可寻找下一个目标，这些功能体块或许是体验空间，让人体验一些兴趣类的工作，比如调酒，材料试验，调香之类，或许是表演空间，可以举办走秀、化装舞会、表演歌剧等，在观看的过程中也能读到对于生活不同的阐述，另外还有在和餐饮空间、书画空间以及演艺空间对看的过程中也可能被它们的不同性质的功能和定位吸引。

　　演艺空间的处理比较简单，保留了澜园食堂的原始框架，然后将较大的体量分为了大小两个部分，寻陌延伸的坡道穿行其间，同时以斜切形体的方式进一步消解两部分体量，内部形式上也和寻陌的形式有一点照应，即设置自由廊道围绕中间通高多功能厅的同时在整个空间里分布一些大小不一，或有功能或为装饰的体块，增加空间趣味。

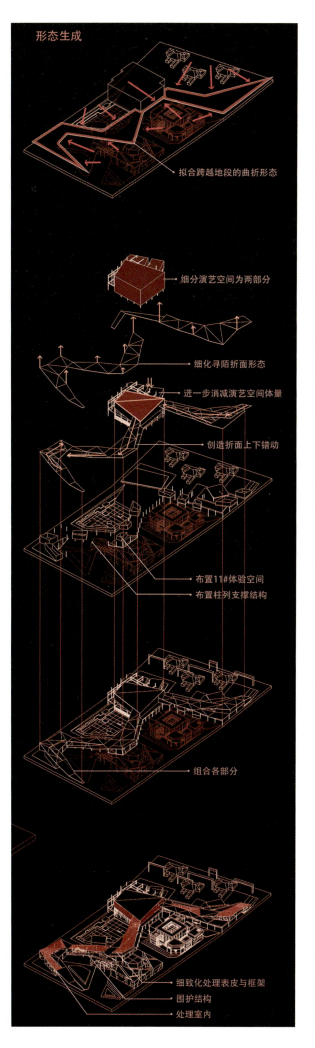
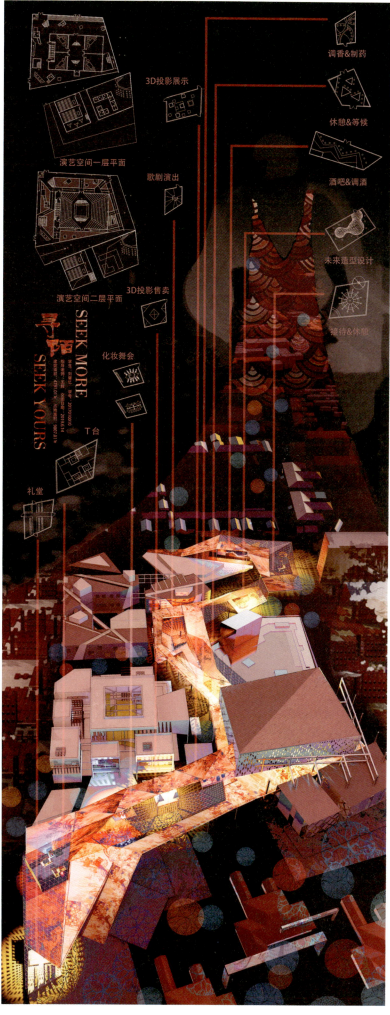

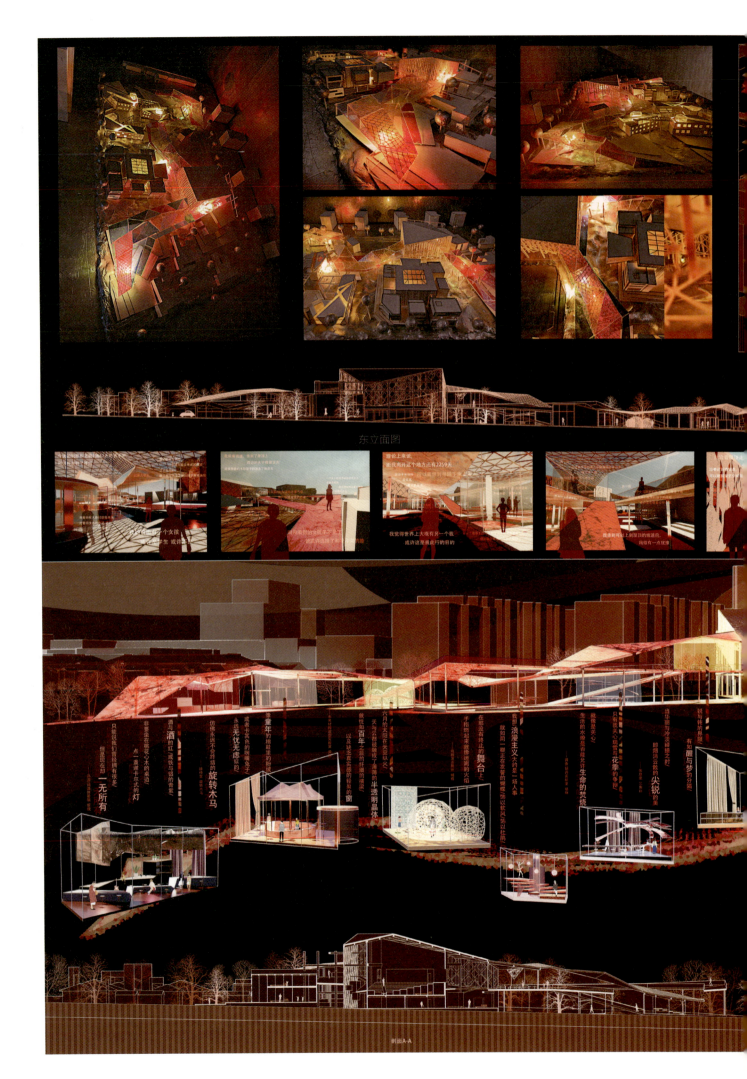

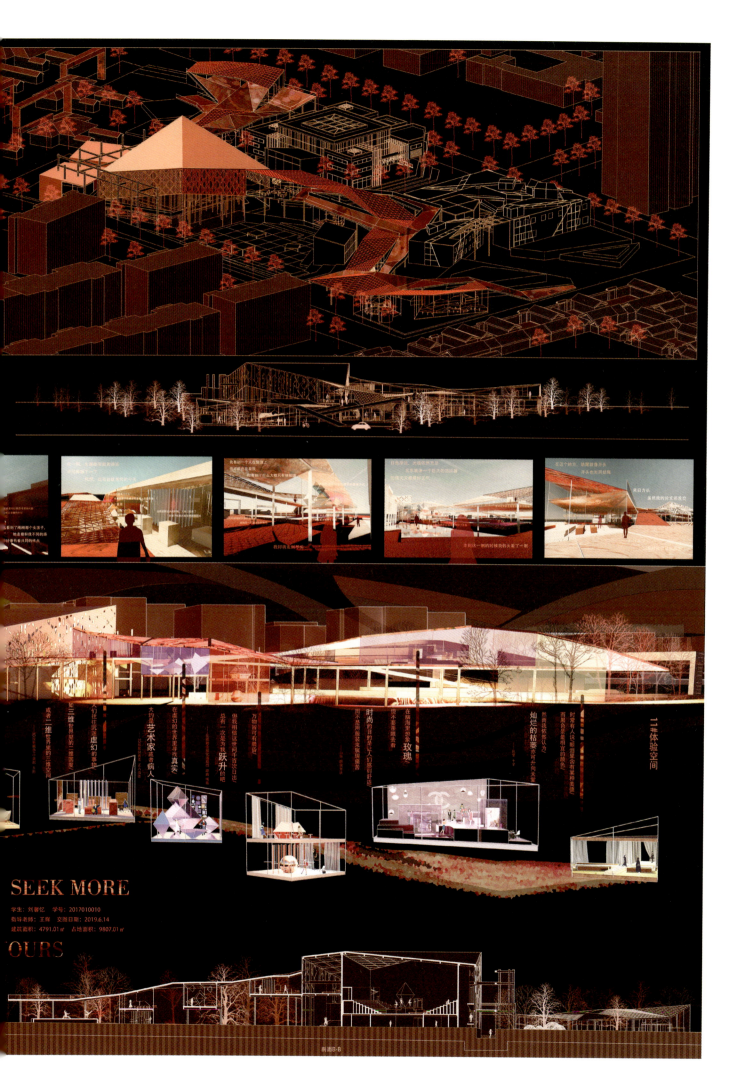

叙构 · In the Sun

学生 | 赵丛丛

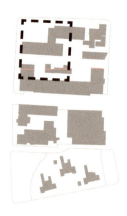

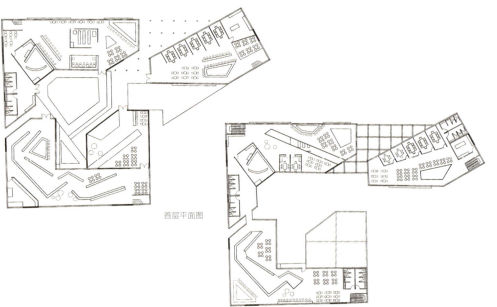

首层平面图

二层平面图

在餐饮空间的设计中，运用了两个主概念：生活情景的塑造和天光元素的引入。通过在建筑中置入不同的功能空间创造丰富的场景，并在建筑实体中加入光带和光盒完成天光的引入，创造光与生活交汇的N种方式。丰富的生活情景与日光倾斜下来的效果叠加，就可以形成多样的空间场景体验。餐饮中心通高的光盒子是一个带有表演性质的开放厨房，增强了食客和厨师之间的互动性，同时也契合了地段看与被看的大概念。顶上的天光给烹饪者带来了庄重和仪式感。在书吧中布置了一个连续的书架游廊，人可在游廊中一边行走一边浏览书籍，顶光下洒在书架上，带来一种静谧而神圣的场所记忆。形态生成方面从基础的半包围形出发，依据功能分为不同的体块，加入主要的处理手法并保留原有邮局建筑的部分立面和框架。

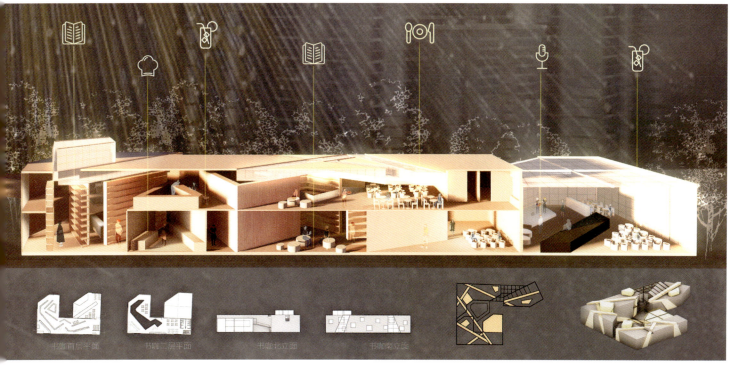

叙构·戏剧 N 次方

学生 | 赵小荷

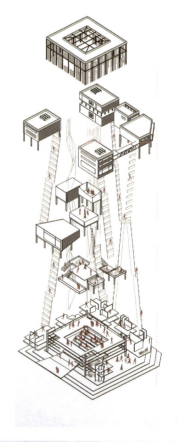

　　我们需要 N 种不同的戏剧式生活方式,来重新定义。以方正体量与巨构体量的对立互看为前提,结合平实化肌理的凿定与沉浸式戏剧设想,"戏剧 N 次方"的概念应运而生。以保留的旧建筑新华书店的通高楼梯为前提,其余全部重建,通过六次方的累乘叠加操作,畅想体块原子的 N 种可能。我以玻璃体回字形的巡游平台为一次方,以 3m 为模数的不同体块多合体公共画室独立画室工作坊为二次方,随后组织起交通流线网络,作为三次方。核心体块舞台的搭建,以及体块舞台空隙之间,碰撞出的微观平台成为多元共享平台,成为第四五次方。最后,当人群活动在现实中进行了介入,产生的 N 种碰撞,如同故事中一般,又将带给它无限可能。

　　此时,观演关系的表达也成为可能。建筑对观众席的拟合,打通了书画空间与叙构相望的视线。外部打开面向巨构的两个体块,作为直接与巨构对视的"城市放映厅"。而以"N 次方"的丰富度为支撑,书画空间同样成为叙构可观的舞台——立面表皮如同舞台幕布,呈现出内部复杂的新型生活的不同演绎。幕布内外,观演各异,人生几何。

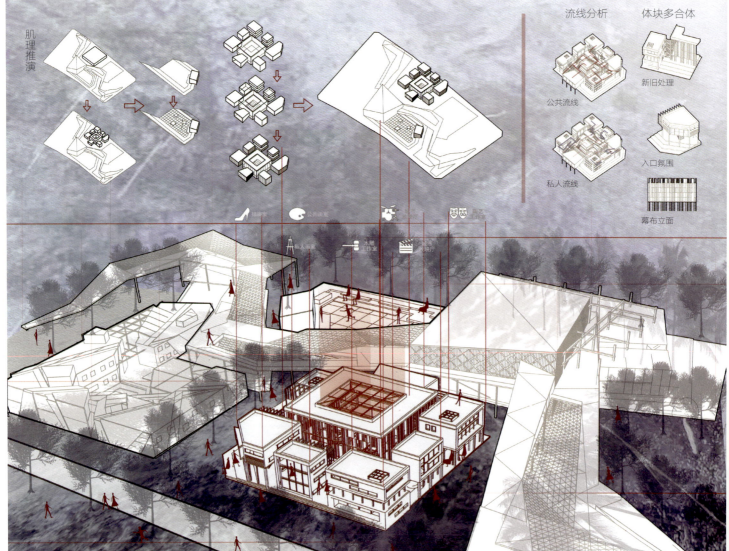

首层平面图

二层平面图

三层平面图

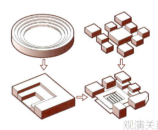
观演关系

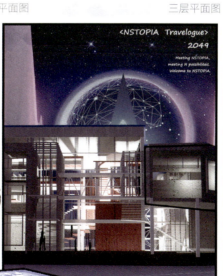

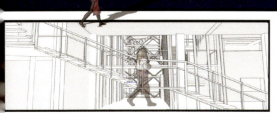

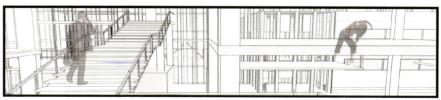

学术市集

学生 | 罗华龙 周正帆 丁佩雪 施鸿锚
指导老师 | 王辉

设计说明

当学术遇上市集，当神圣遇上世俗，当热闹遇上静谧，我们希望能够在这个校园里共同打造一个自由的异托邦，并最终实现学术的世俗化与活泼化，让学术走入人们的日常生活中。

在中微观层面上我们延续老北京的肌理，继承清华学术氛围的基因，体现北方严谨而细致的气质，而基于市集的透明性、互动性、流动性与集中性，我们引入了曲街来联结整个地块，营造市集的活泼氛围。

教师点评

学术市集的概念颇具新意，为严谨的校园格局加入了活泼的情景设定；在这一主题之下形成了街区式空间布局，同时通过线性游览活动流线加以串联，为每个人的具体深化提供了大的框架；在此基础上四个人分别在自己的地段都有很个性的方案呈现，最终的图纸表达也都有着各自的特色。不足之处是总体方案最终呈现的状态缺乏足够的整体感，对尺度的把握也有失偏颇。

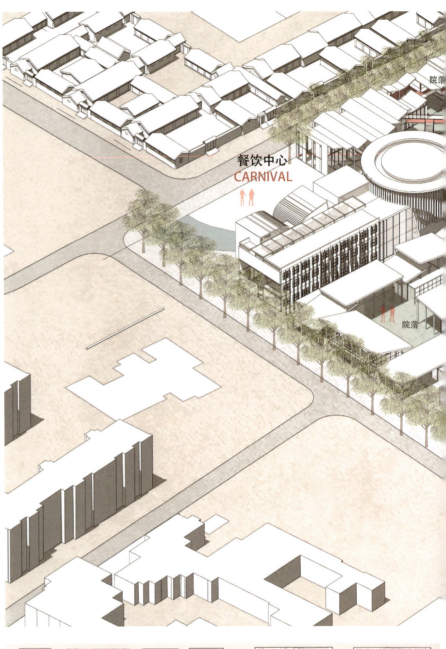

形态生成

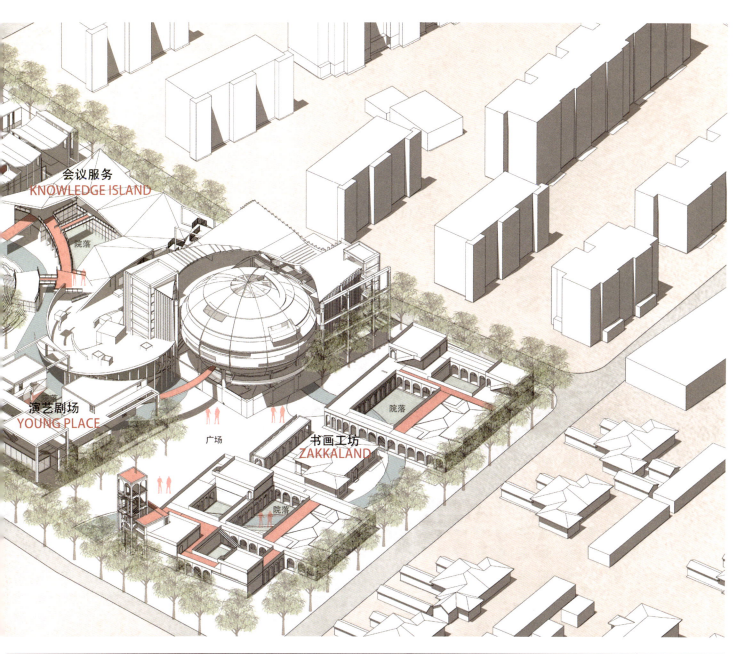

学术市集·Carnival

学生 | 罗华龙

  邮局地段作为学术集市的开端，承担着引导人流方向作用的同时还兼顾与二校门的呼应。在此基础上，将该地段改造成主题为嘉年华的餐饮中心，表达了我们对于学术非商业化的思考。

  中国人的游戏方式就像是艺术方式，一直是很现实主义的，带着一种天真而不可爱的率直。而清华人严谨的学术行为却正是缺乏了这种时尚前卫的活动精神。将饮食、展览、讨论等集中于一个相对集中的空间，最大限度地营造了多重人流的交流互动关系。在建筑语汇上通过构造一条"活泼"的循环流线，建立起一组新的"观看"秩序，描绘出热闹繁华的生活图卷。

  在对原有邮局的改造中，大胆的解放北立面，用几何图案的张力象征不同于原有形象的异质性，三个体块分别作为咖啡厅，影院和儿童乐园。在邮局内部用循环流线缝合新旧关系，引导进入东侧加建的图书馆。东侧的合院呼应北面原有的四合院采用坡屋顶的形式，散落的实心体块与邮局被开放平台和楼梯廊道连接起来，创造了丰富的对话关系和多样的活动可能性。

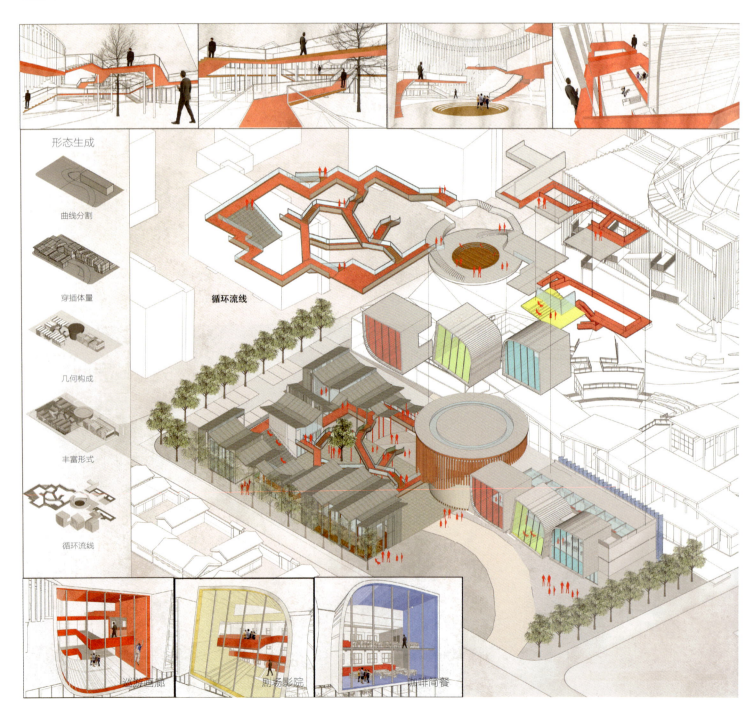

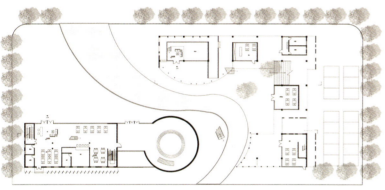

首层平面图

二层平面图

三层平面图

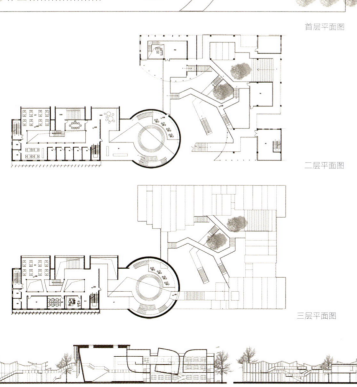

学术市集 · Knowledge Island

学生 | 周正帆

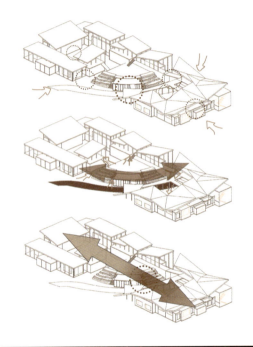

"知识岛"的概念来源于《岛上书店》这本书,"没有谁是一座孤岛"——在此之前,应当有"每个人都是一座孤岛",正是因为相遇交流,才产生思想上的物物交易,才使岛屿之间产生联系。

学术的纯粹性与市集的杂糅性是一组矛盾,学术侧重于思想层面与市集侧重于行为层面又是一组矛盾,这些矛盾需要通过人的行为这一载体上得以消融,而"岛屿"便是我选择的连接矛盾与载体的介质。此地段便设法将"岛屿"的思想转译、承载到建筑语言上,经由"岛屿"思想搭建起建筑与人之间的桥梁。这一个地段最直观的特点是两个院落。曲线的穿过造成了两个院落不同的动静特征,故而应该赋予它们不同的建筑氛围,使两个院落在建筑语汇统一的前提下又富有变化。

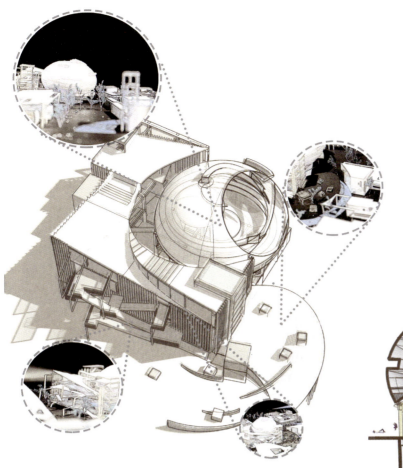

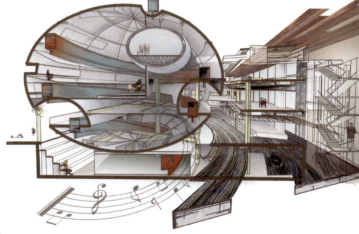

根据初步的整体规划，澜园建筑内的半室外街道成为人互动产生事件的主要空间，考虑弯曲景效应，决定在弧形内侧制造一个视觉中心球，作为大的演艺厅，尝试把整的球打散碎化，多变的几何形体既作为空间分割又独立于空间中。缺失的洞口，既暗示着每一个未知空间的开始，又使空间相互渗透。对于旁边曲线围合出的广场空间，我比较赞同库哈斯的理念——建筑是城市的延伸。我设置了一个可上人的景观坡顶，强调对曲线的围合的同时，也将场地和澜园融合了起来

总的来说，我希望在学术市集里融入学术精神。想要消减"秩序"和共识，当然也不会沉浸在未来科技的浪漫之中，而是希望在"混乱"中找到一种连贯性。

学术市集 · Young Place

学生 | 丁佩雪

学术市集·ZAKKALAND

学生 | 施鸿锚

在这个学术集市里，地段 A 就好像街角的一家小小的杂货铺，推门而入，是琳琅满目的小物件，走走停停，是不期而遇的美好。我对这个地段的想象源于三栋新林院住宅，我的设计也自此而始；新建的体量都由新林院的控制线生成，实虚的转化与新林院形成对比，体量高度和立面上不同材料的比例关系则与新林院一脉相承；由砖的材料语言和整体规划的曲线出发，我采用了拱元素来串联一个个小体量，为了营造更为温暖的氛围，又对材料进行转译，将砖拱转化为木拱，形成可置物的木架进行 graduation exchange（下图）；作为学术市集曲线的尽端，塔楼的设置丰富了观者的视角与地段的层次，也带着我对毕业生们人生新阶段的期待。

遇到不同的人的时光，也能留下自己的时光，便是我希望在这里营造的安静的仪式感。

Graduation Exchange：跨时空 & 跨专业交流

院儿

学生 | 陈奕霖 邵婕
指导老师 | 王辉

设计说明

结合二校门－大礼堂的主轴线和原有街道的记忆，我们将总体的布局设定为院子的有机组合。在原有三条道路的基础上，中央形成一条直穿四个地块的道路，将整个设计用地简单划分为八个地块。除了已有的菜市场，余下的地块都向院落围合的结构发展，并塑造每个院子的不同个性。这个设想首先是满足周围环境的呼应，清华本身还是偏重端庄、方正的布局，我们依然想守住这个传统氛围。之后一个重要的点就是我们认为院子的围合感能够营造出自身独特的感觉，即使与周围传统环境融合，也能够有自己个性鲜明的特点以及逐层递进的层次。

教师点评

以多个各具特色的院子作为设计的起点，很好的契合了场地原有的文化精神与气质；在院子的主题下空间组织与布局较为简约大气，合作设计具有一定的整体感；在此基础上二位同学又分别结合自己对于校园未来生活的理解与想象进行了深化设计，各自的设计与表达均具有一定的创新度与个人风格。不足之处是前后两大块的设计手法有较大差异，造成方案整体不够连贯。

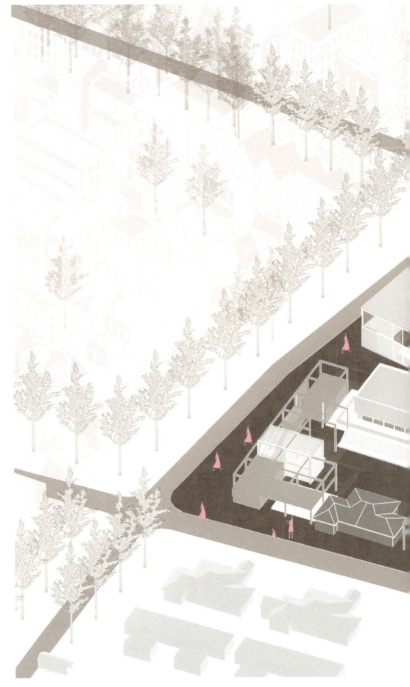

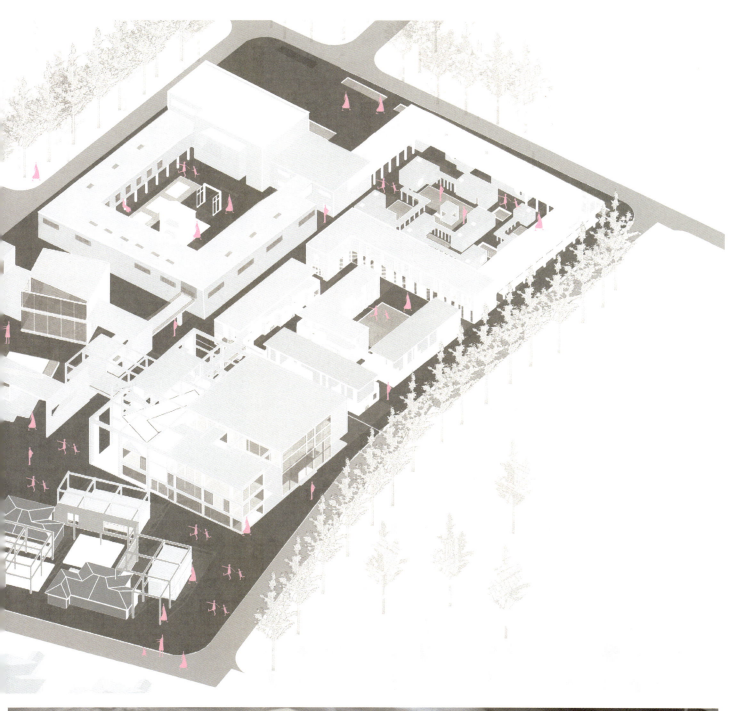

院儿·三境

学生 | 陈奕霖

邮局前方承接大礼堂轴线,营造历史氛围和元素重现;北边两个地块整体是由国学四大导师之一王国维先生的治学三境界而来。第一重境界是"迷园",在 D 东侧,用研讨功能的小体块塑造东方园林的迷踪,映射为学之初的迷惘困顿进而探索新路;第二重叫"真庭",功能以书画教学与展览为主,运用画家 Magritte 作品中元素,表达对事物真实性的探索精神,象征对学术的严谨与不懈探求;第三重是"觉市",商业的元素与热闹的氛围尽量贴合"夜市"所具有的气质,由纷乱中领略真理,无心而得,也可以说是毕生学术积累瞬间质变带来的超绝。

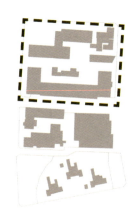

形态生成

功能分析

流线分析

迷园 – 四顾踌躇,不明前路　　**真庭** – 学术进阶,探索真伪　　**觉市** – 无心而得,豁然开朗

首层平面图

鸟视图

多人研讨间平面图
自修室平面图

确定边界
增强开放
偏移体块
添加游廊
形态生成

迷园

真庭

首层画廊平面图

二层画室平面图

邮局平面图　　　　画室及画廊剖面

首层平面图

二层平面图

小商店平面
餐饮店平面

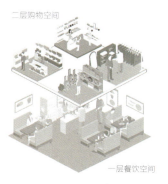
二层购物空间
一层餐饮空间

觉市

院儿·窄门

学生 | 邵婕

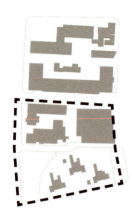

结合我对学术"院子"的设想；只有通过艰辛的道路才能到达光明的"窄门"，将B地段的两个主要建筑体量定为"梦楼"和"幻道"——取"探幻道、达梦楼"的意思。而将A地段的功能定位为"能为多数人服务的可动空间"，并将框架的元素应用到整体的设计中；框架在可活动空间中是给予人们"可靠感"的"定位物"；而在稍微大体量的"梦楼"和"幻道"里，框架成为衔接新旧、衔接视点的有效方法，提醒人们工业与生活的时刻交叉，也符合清华"技术型"的传统定义。

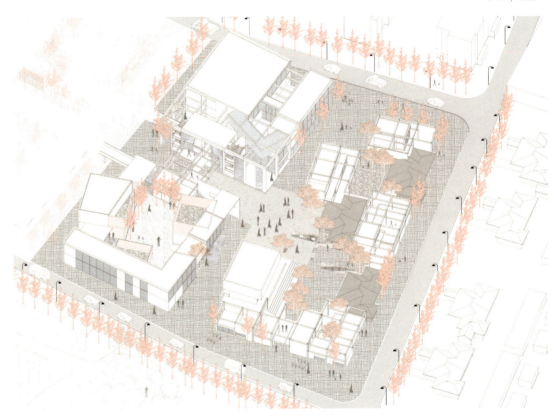

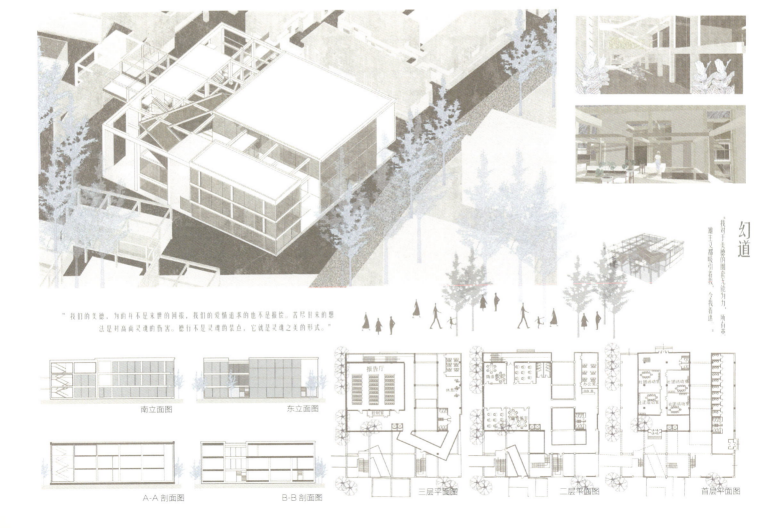

幻道

南立面图　东立面图　A-A剖面图　B-B剖面图　三层平面图　二层平面图　首层平面图

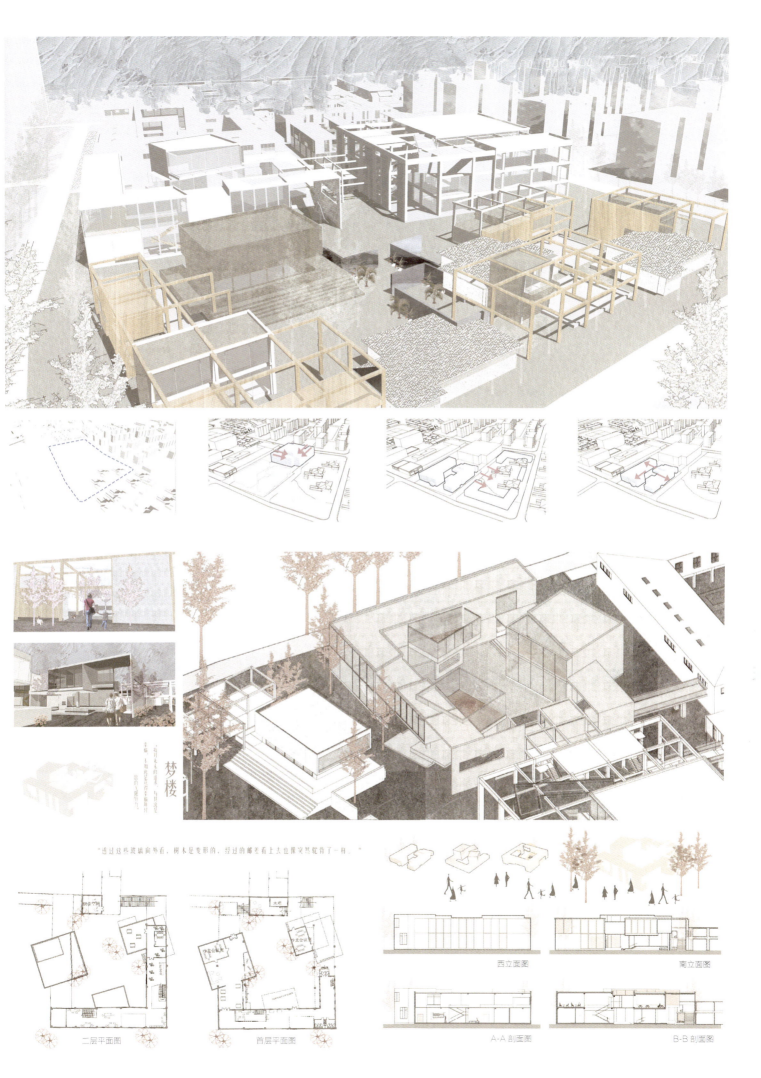

一帧市相

学生 | 周翔峰
指导老师 | 王辉

设计说明

设计"一帧市相"基于照澜院地段附近的社会人群分层和清华校园的建筑文脉分层等复杂多样的背景分层,提出以蒙太奇手法为主线,以浓缩清华合院、园林、礼堂、校庭等建筑类型的不同次级设计为分镜,以居民、师生和潜在游客的日常生活为建筑情景,拼贴出一帧帧校园微社会的"城市影像",通过尺度变换的建筑组合实现叙事性,使身处设计中的人浸染于丰富的生活片段。

教师点评

设计以分镜和蒙太奇的手法串联不同的地段,尝试以此塑造地段中的新"城市肌理"以及具有创新性的行为体验;在每个不同的分镜中以建筑立面的剖面化、虚化的建筑和装置等手法来表达设计者最初提出的"城市影像"概念,设计具有一定的创新度,图纸表达较为大胆具有强烈的风格。不足之处是建筑密度稍大,公共空间塑造深度不够,每一个地段更深入的情景设计也有待深入。

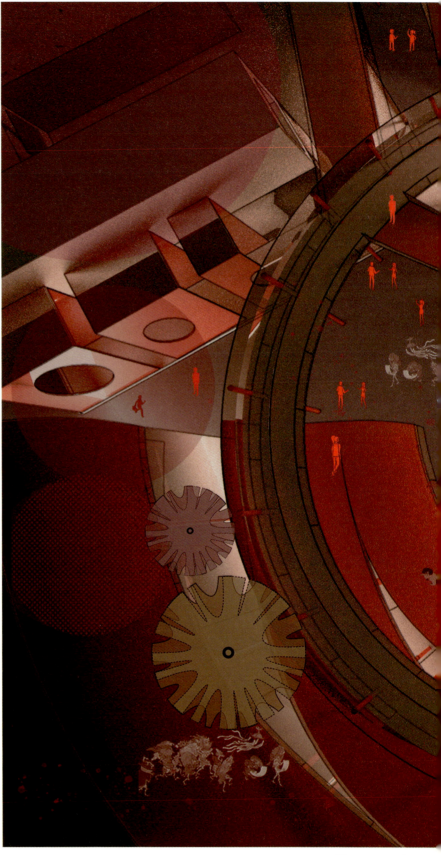

人群分类:师生、居民、游客

北边校区南下师生

四周居民

观·大戏
TO OBSERVE

清华观光客

建筑类型背景：三合院类型

西式园林及大型演艺建筑

中式园林及四合院

一帧市相·观大戏

学生 | 周翔峰

本设计从"观演中心"这一基本功能出发，在整体大概念的前提下提取校园建筑文脉中的"剧场"建筑类型作为蓝本。为了满足校园师生和周边居民的文娱需求，同时为清华校园创造一个新的标志景点，本设计以不同的娱乐活动为功能背景，用"窗体"这一形式作为基本单元，设计出以"大千剧场""大滑稽剧""大团圆戏""大奏鸣曲""大合唱乐"为分镜的大戏台以及融入公共空间的大观戏台，再以圆环状悬空步廊连接，构成观看下部广场的"天眼"，进一步呼应"观"的核心概念。

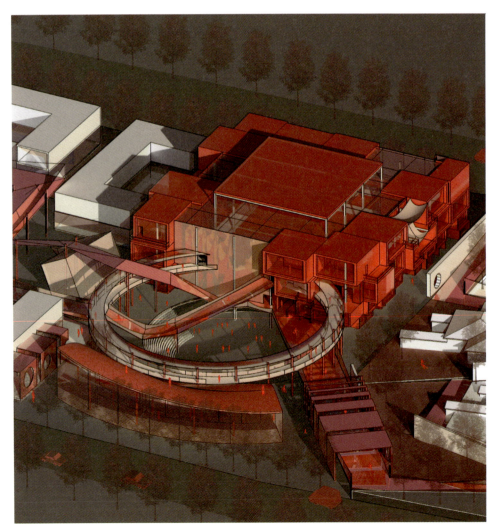

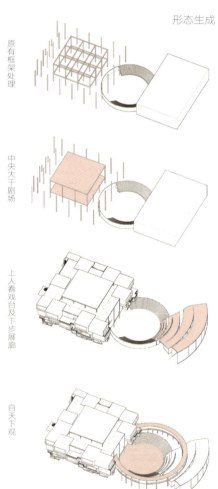

形态生成

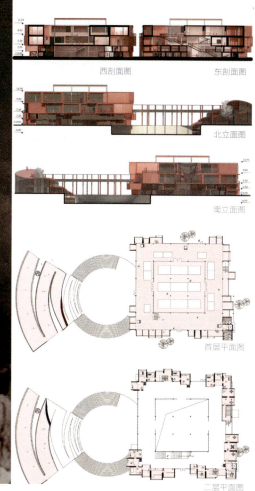

西剖面图　东剖面图

北立面图

南立面图

首层平面图

二层平面图

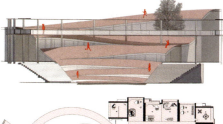

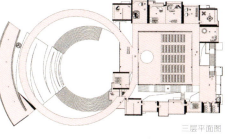

三层平面图

四层平面图

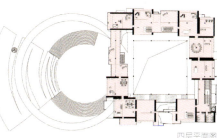

CHAPTER 6

指导老师 | 王丽方

打野

学生 | 虞晨阳 梁曼辰 曾昊 陈仪馨
指导老师 | 王丽方

设计说明

我们设计的学术小镇名叫"打野"。意在创造一个和两点一线、循规蹈矩的大学生活相对的、充满活力和新奇的社区环境。

方案从规划的层面来看,最突出的是一主一次的斜向道路、被分割出的明确地块以及被包围在中间的大草地。道路是对纵横分明的清华路网的回应,而缓和起伏、开放自由地草地则是清华大学那些整洁却庄严的草地的反相。

整个小镇既丰富又干脆明确,从形式和功能两个方面、规划和单体两个层次充分表现了我们"打野"的主题。

教师点评

四人小组设计的校园学术小镇,意图创作出与已有校园显著反差的环境特征。为此,在规划阶段采用大斜线的道路骨架切分地块,使每一块地都获得独特的禀赋。紧密挤靠的建筑围合出浅坡大草坪作为共同的中心,在造型反差很大的情况下以此获得小镇的整体感。

每一个区块包含有现状保留建筑。单体设计做了各具特色的发挥,与特征显著的新建建筑组合有趣。建筑单体设计充满新意,深入完整。北侧会议中心主次分明,用简洁的大三角体量和细碎的小体量群交互,使空间环境丰富。餐饮中心建筑群反差显著,造型大胆不羁。演艺中心内部曲面分割新颖优雅,内部空间丰富,与道路交接巧妙。书画中心以小巧精美的建筑造型与起伏的地形细致配合,虽小,成为大草坪的视觉中心。

图面表达大胆,风格鲜明而又比较完整统一,表达内容丰富,效果别致,但是模型图片缺乏。

不足之处:某些空间合理性推敲不够,结构考虑得有欠缺,单体之间对比有余,对话不足。全镇建筑造型追求大的反差,因此统一协调性缺乏。

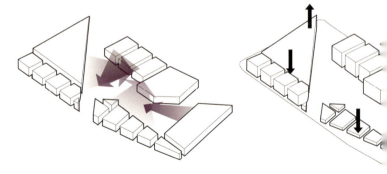

围合广场

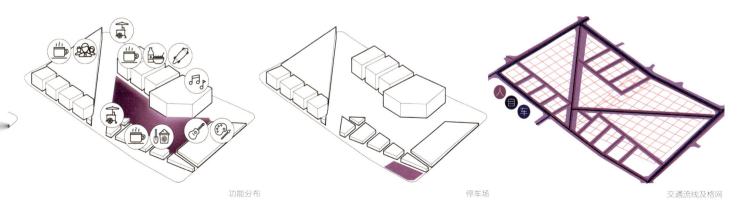

功能分布　　　　　　　　　停车场　　　　　　　　　交通流线及格网

打野

学生 | 虞晨阳

具体到单体建筑设计,我们考虑比较多的则是两点:对原有建筑的保留改造;特定功能的全新阐释和实现。例如地段北边的会议中心设计:老邮局以一个独立、完整的形态介入新的建筑体量中,保留了一定的层级和尊严;而会议中心中的会议空间则被重新阐释为一个开放融通的"大梯田",上下形成两个空间,一反会议空间封闭、独立的面貌。

外景透视图

日夜轴测图

142 | CHAPTER 6

模型照片

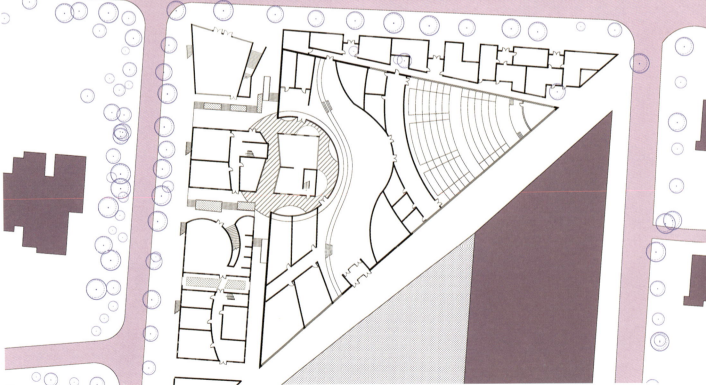

一层平面图

CHAPTER 6 | 143

打野

学生 | 梁曼辰

饮食空间被组织成了小吃街，和原来超市剩下的"残垣断壁"组织成能够随时走停的流动整体，一个屋顶滑板场不仅让上层空间的景观有所组织、下层空间有丰富的光影和空间体验，也让场地多了一个活力点。因为规划阶段是从路网开始，所以建筑从设计之初的形态就相对固定为三个为草地提供"夕阳反射板"的高体块和一个餐厅需要的水平大空间。被包裹的老超市部分变成了花园，留在草地上的老超市拆成废墟，上方架一个曲线藤架，和滑板场上的一小段网架形态连贯。滑板场由一幅线条的平面构成结合滑板运动需要的各类场地形成。

室内效果图

室内效果图

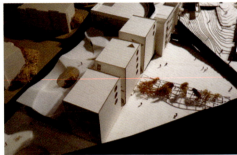

模型照片

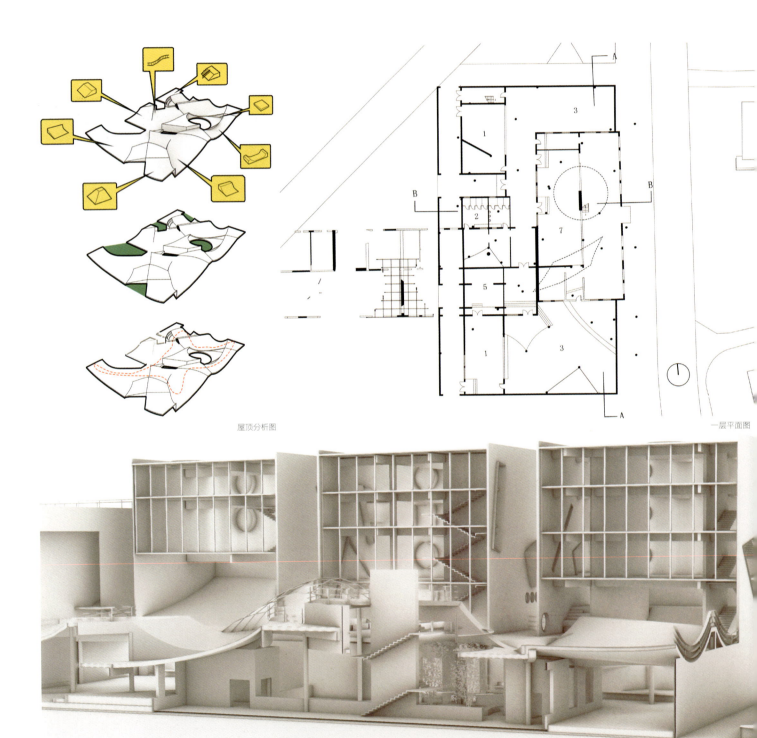

屋顶分析图　　　　　　　一层平面图

剖透视

打野

学生 | 曾昊

演艺中心在大学环境中更应该被定义成自由展示自我的场所，所以扮演的是一个和场地、自然更加亲近的角色；因此开放的时候保证一定的内聚性是设计的重点。通过中厅的变化和室内空间的丰富，演艺中心将成为一个"外方"但是表情丰富；"内圆"但是清晰明确的空间集合整体，并将功能通过对应的形式忠实反映。并争取和周围的建筑和整个场地的气质融合。在保留柱网和核心交通筒的基础上将原有的建筑体量用三个三维扭转的曲面进行分隔，让内部功能和外部形式都不含混，同时形成了不一样的空间趣味。

剖透视

室内室外效果图

打野

学生 | 陈仪馨

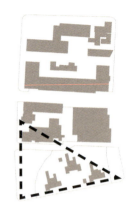

地段内的新林院曾经是教授们的寓所，现在有些已经变成了环境很差的杂院。光和景框是设计中很重要的两部分，整个改造过程中，以贴合人的尺度为目标，地面上与别的地块充满活力，甚至与有些刺激的氛围相比，显现出安宁的气氛。看似一个疯狂游乐场，又十分静谧，新增一个瞭望台，将这些与现代对撞的有些老派的建筑使人得意从繁忙中逃离至宁静。

书画中心在将原有的小别墅充分保留的情况下和草地充分结合，形成了精致优雅的景观条件，而向地下拓展的空间则流动贯通、巧妙的采光让地下空间同样明亮怡人。地下与地上的理性线条相比，是充满隐喻的流动空间，沿着与地面上质感截然相反的金属扶手，来到奇异的地下，曲线从空间的各个方位生长而出，既提供了大的手工空间，也提供了个人的私密场所。天光和草坡的引入，使得原本无机质感的地下多了许多柔和的意味。

上为模型照片、下为效果图

CHAPTER 6 | 147

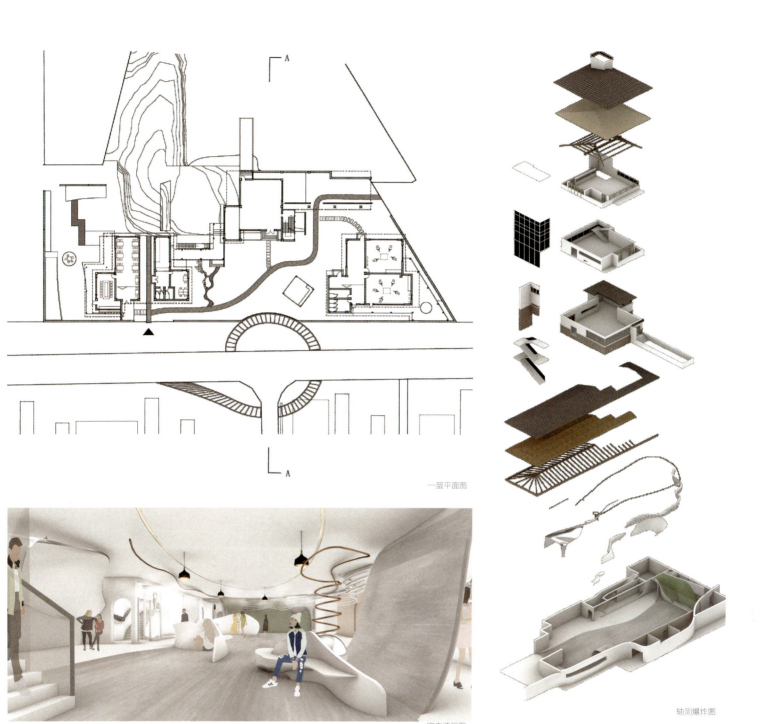

一层平面图

轴测爆炸图

室内透视图

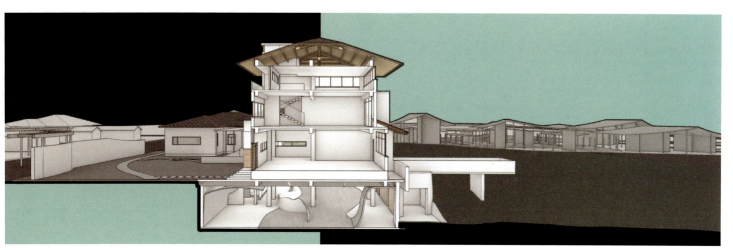

A-A 剖透视

Street Can Be Knowhere

学生 | 王天轶 吕松天 董骁 邵晓蕾
指导老师 | 王丽方

设计说明

我们的起始思路是以街道为出发点，作为学术小镇，不能将学术囚困于单体的建筑室内，而是要将其延展到室外，充分利用街道这一非实体的室外空间，提高整个空间的使用活力，这也是设计名字的由来。分析地段环境之后，我们发现在原地段的现状之下，街道的活力十分有限，只有中间一条东西向的街道是室外活动的主要地点，于是我们首先对街道布局进行了重新的规划，引入了一条南北向的长向街道以及一条斜向街道，将人流的活力充分扩散到区域的每一个角落。东北角是斜街的开端，作为整个地段的重要入口，我们在这里加入了圆形广场的要素，从一个点向地段内辐射，在南北向主街的尽端，设置一道"墙"界定出一块与南侧新林院自然、幽静气氛相近的地块。

最后我们对这几个核心要素作了进一步的针对性的处理，对于斜街，我们分布了几个三角形以强调，圆广场旁的会议中心则延续圆这一元素，南侧的墙则以澜园餐厅为出发点，三位扭转，顺势而下，包裹了整个新林院。

教师点评

规划注重形成宜人的街道空间网，以此作为小镇基本形态特征。在原有横向街道格局中加入斜向道路，街道网因此拥有了错综复杂与贯通清晰两种特征。每一栋建筑都对街道空间的形成和丰富做出贡献，每一栋建筑都能享受到宜人的街道空间。地段因此获得了活力。

规划大胆地将南部地块用"城墙"隔开，用"城门"连通。南部发展成为细致精美的园林环境，与北部的街道空间网反差，丰富了小镇的趣味。

不足之处在于，一些单体的设计深度显得不足，整体看起来统一性和完整性有所欠缺。小镇的中心空间没有很好地凸显。

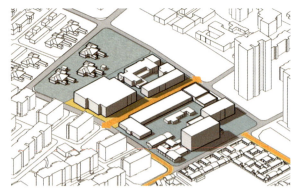

现状流线

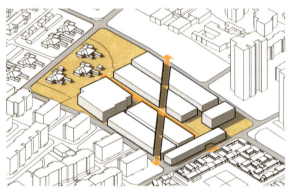

路网生成

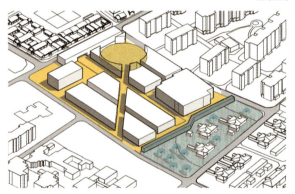

地块划分

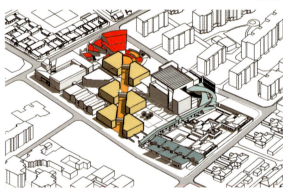

改建加建

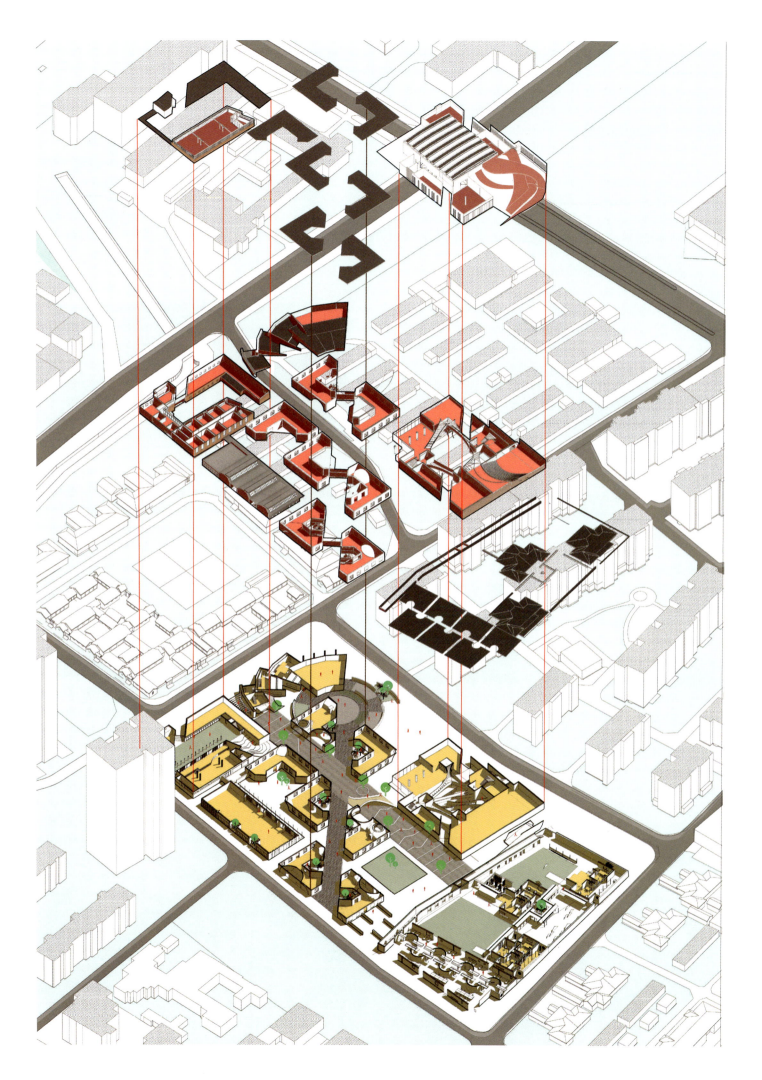

Street Can Be Knowhere

学生 | 王天轶

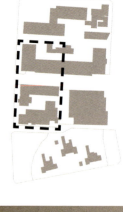

在整体规划的基础上,为了突出斜街以及主街,在斜街和主街的两侧布置六个模块化的体块,这六个体块两两一组,分布在斜街和主街的两侧,每一组都相互对称,造型相同。在具体的造型上,我采用了类似布尔的方式,用几个大小不一的球体与体块相交,使得其在体量、造型、功能以及立面上都产生丰富的变化,这些立面也能够激活主街与斜街,使得整个场地活跃起来。

对于原有的超市,我进行了改造,利用其原有的柱网,对其加以扩建,产生一个大空间用于餐饮以及其附属的后勤功能。这部分的造型与柱网结合,屋顶和立面产生规律的变化,墙面的造型采用砖的镂空以及增减。在其东侧,使用一个类似的斜街体块的单元与之相连,加以地下部分弥补不足的后勤空间。

这种单元化的处理在场地的内部形成了若干的小院落以及公共空间前的大庭院。这些庭院与东北侧新加建的圆形广场相结合,不仅对新规划下的场地做出了回应,还对"照澜院"原有的场地特性"院"进行了精神上的延续。

室内透视图

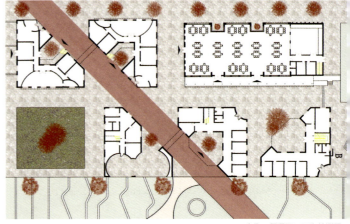

上为一层平面、下为轴测图

Street Can Be Knowhere

学生 | 吕松天

我负责的是 D 地段的改造，这一部分主要由两个建筑组成，首先是邮局部分的改造，我将邮局重新定义为一个创意工坊，首先借助邮局北部已经存在的高差，通过加建围合出一个院子，随后切削出了三个主要的出入口，通过院子以一种曲折着的方式将轴线扭转引入街道之中，又引入一个较高的体量与校门呼应，分离出的东侧建筑作为展览空间使用，邮局的主体保留了框架，将一层作为开放的图书空间，二层则是小的工作隔间，三层则是大的开放工作空间。东侧则是作为任务书要求的会议中心存在，是完全新建的建筑，顺应圆广场的扇形划分生成了建筑形体，而这一形态也是与大的多功能会议室这一需求相适应的，跟随的几个小扇形则作为小型的学生社团活动空间进行了扭转，同时高低错落进行了处理，逐步放低，尽量减小与北侧四合院的尺度反差。最后在东、西两组建筑的一直、一弧两道墙之间形成街的入口，进入其中有一种豁然开朗的感觉。

室外透视图　　　　　　　　　　　　　　　　　　　　　　　　轴测图

Street Can Be Knowhere

学生 | 董骁

　　我的设计是将原澜园食堂改造为演艺中心。在设计过程中从多方面思考新旧建筑的关系，通过实地调研和研究照澜院的规划历史发现该地段内建筑有强烈的时间、空间对立感，将这种对话的关系引入旧建筑的改造中不失为一种好办法，所以最终选择采用强对比的方式处理新旧建筑关系，从材、形、意三个方面着手，具体操作是在原建筑中心位置打通地上三层与地下一层，形成一个巨大的中厅，采用形态更为自由的混凝土材料构建一个相比垂直、水平交通更自由的架空坡道交通体系。除了在材料上与旧的红砖建筑产生对比，从形态上来看，三维流动的坡道与原有的柱网体系也成鲜明对比。旧建筑方正的体量，由圆拱和格栅元素组成的立面都散发着一种沉稳匀质的学院风格，新加建部分则流动交错，给空间带来复杂的光影变化，反映当代学生的多元化生活精神内核，通过意向上的对比更加强调旧建筑的历史感。

上为室外透视、下为剖透视

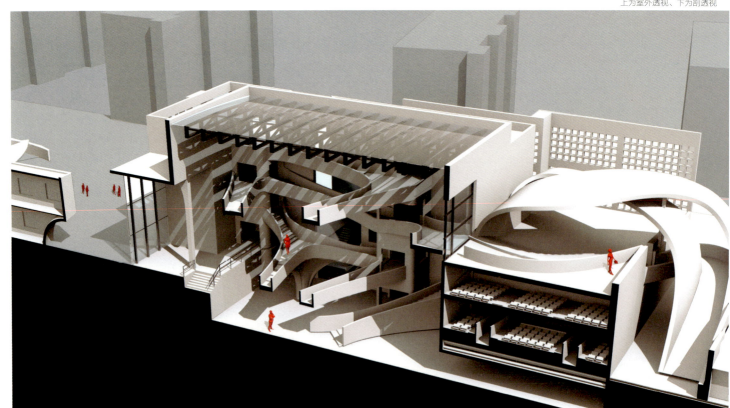

Street Can Be Knowhere

学生 | 邵晓蕾

庭院空间　　墙体包围

功能分区　　主次入口

工作坊
公共画室
个人画室

根据前八周的设计，主街入口与南边大入口的墙体围合出内部庭院，在后八周的深化中，着重考虑人们进入花园的过渡空间。通过对空间层次进行变化达到进入花园的冲击感，产生豁然开朗的效果。通过封闭南部开放入口，把这个部分改造成了一个更加狭窄的过渡空间。在这些围合墙体上开多个狭窄的入口。此外，在每个入口都设置了转折处作为空间变化上的一个过渡。西侧建筑也采取这种空间手法。在之前的长条型的建筑单体上做了多个切割使它分隔成多个小的单体，而单体与单体之间所形成的缝隙便改造成了进入这个地段的入口。再错开西边和东边单体的中心轴线，取而代之的是交叉通道，来增加空间感和过滤人流。

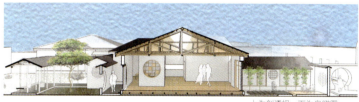

上为剖透视、下为鸟瞰图

檐下

学生 | 刘明炜 孟可 郭斯文
指导老师 | 王丽方

设计说明

在前期场地周围环境分析之后，我们决定延续大礼堂、日晷和二校门所承载的清华文脉，以大屋顶的形式贯穿整个场地。大屋顶引入为场地带来了有趣的灰空间，增加整体性的同时也为设计带来了更多的可能性。为了减轻大屋顶所带来的压抑感，我们利用参数化的手段，在屋顶上进行了随机开洞的处理，并利用这种重复性形成韵律感。

在场地规划层面上，我们在照澜院原先三条东西向道路的基础上，沿大屋顶的边缘增加了两条南北向的道路，一方面与屋顶相呼应，另一方面贯通场地，提高各个地块的可达性。同时，道路的引入也成为我们划分绿化和铺地的契机。功能方面，我们将会议部分设置在北侧交通最为便捷的地块，以餐饮部分进行过渡，进入演艺部分，南侧比较安静的地块用于书画。

总体来说，我们希望通过大屋顶的引入，创造出更多灰空间，从而加强设计中的趣味性，为使用者提供不同的氛围，营造丰富的感受。

教师点评

该方案试图通过大尺度灰空间的营造形成具有标志感与公共性的全新场所，大气整体的屋檐为场地的肌理重塑提供了一种新的角度，也为校园生活空间的改造提供了一种可能性。但是由于单体元素"屋檐"的尺度过大，导致场地内部公共空间和单体建筑推敲逻辑还不够深入，单体与单体仅靠屋顶还是缺乏联系。

保留建筑

原始绿化

现状流线

地块划分

路网生成

形成屋顶

檐下

学生 | 刘明炜

模型照片

我设计的是北侧会议部分。考虑到此地段西北角与二校门的相望关系,如何在保留原有邮局建筑的基础上创造与二校门呼应的造型,成为这一设计的关键。由于会议部分需要较大的无柱空间,所以在邮局东北增加了一个横向体块,不仅解决功能问题,更与大屋顶一起形成了两条水平方向的造型,成为对应二校门的一种特殊姿态。同时,在原本的邮局北立面上增加一个平行四边形玻璃盒子,与屋顶的形式呼应。道路另一侧采用与北侧照澜院体量相似的坡屋顶建筑,减弱对外界的压迫感。同时改变原有形式,将山墙内凹,与照澜院有所区分。在立面和细部上,新建筑采用竖向的格栅,邮局则开横向长窗加以区分。同时在南侧与 C 地块交接处一层将建筑后退,形成更多的灰空间。在新建的会议部分上设有上人屋面,给人们接近和感受屋顶氛围的机会,并控制邮局的高度,使其与大屋顶脱开,增加大屋顶的气势和整个北立面的丰富性。

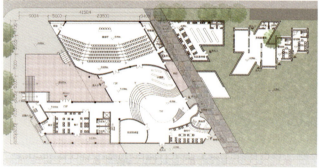

上为一层平面、下为效果图

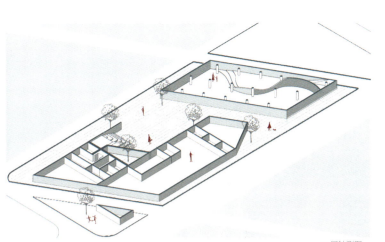

一层轴测图

檐下

学生 | 郭斯文

斜向60°路网将原有的澜园超市分割成几何形状明确的体块。地段位于整个地段的中间位置，在地段北侧设有广场，用以汇集来自西北侧的人群。一条斜向通廊从底层穿过建筑，引领人群到达剧院入口处。

同时，由于我的建筑大部分都在贯穿整个地段的大屋檐之下，我尝试营造出更多有趣的灰空间。从广场可经室外楼梯到达屋顶，并与咖啡厅二层联通，屋顶设有绿地和休憩平台，面向西南侧开放，与原有绿地相呼应。广场上树木周围也设有座椅，供人们休息停留。东侧设计了一间独立书店，与主要建筑部分通过二层相连。书店主立面面向主路，向东北侧人流量最多处开门，用以吸引过路的游客，也烘托出小镇的学术氛围。

上为一层平面、下为室外效果图

檐下

学生 | 孟可

我所设计的地段原为澜园食堂，改造后的功能主要为演艺空间。在保留旧建筑层高及部分梁柱框架基础上，配合整体大屋顶与周边环境，在南北立面增加三角形坡顶与通道贯穿，并利用建筑西面空地改变原出入口方向设计主入口及广场。

建筑整体为地上四层+地下一层，以二层剧院为中心，四周围绕其排布功能；地下为演职人员后台，一层为剧场前厅及咖啡厅，二层为观景回廊及休息平台，三四层则以学生活动为主体划分空间。

除此之外，还根据屋顶形态及光影效果设计了不同的空间，如在屋顶利用坡顶平面做露天剧场等。整个设计多采用玻璃幕墙，打造公共、开放的活动空间。

CHAPTER 7

指导老师 | 王毅

聚散离合

学生 | 张钰淳 易昕仪 唐睿尚 沈民智
指导老师 | 王毅

设计说明

在这个设计中,我们尝试探讨的问题是"聚散",即群体性与个体性。人是矛盾的,我们同时拥有个性和社会性。身处现代社会我们时常感觉到的"热闹的孤独",往往是当代社会独特环境下自我认知失调所带来的身份焦虑。而用建筑语言去转译人的"聚散",便是空间的"离"与"合"。首先,我们做了一个以圆为母题、以连接沟通为主的巨构平台,它具有上方"连接"和下方"分隔"的互为图底的双重含义,也将地段划分为一个中心圆广场和六个分别的院落。但之后,我们又开始分解和再度细化这样的巨构,回到亲近人的"小镇"尺度。在这样的分解中,"聚"与"散"亦在互相渗透。

多重体系是这个方案的另一个特点。除了平台自身的系统外,设计中还有六个半圆院落与一个圆形院落组成的院落系统、各个建筑物组成的以方为主的建筑物系统,以及交织穿插其间的水系。多系统之间相互碰撞或融合,制造出丰富多变的空间体验——在曲线平台的灰空间中望着沙院发呆,或是爬上阶梯去吵闹的小菜场买点菜,在澜园看一场摇滚天团的演唱会,或者坐在新林院的小盒子里看天……这些有趣又丰富的空间像一个个事件发生器,将新的生活活力注入地段。

教师点评

整个规划设计思路比较清晰,方案的工作量和完成度值得肯定。这个小组四位同学之间配合得比较好,在这样一个牵一发而动全身的建成环境设计中,各个地段在处理平台、院落与建筑的相互交接做到了浑然一体。从最终的成果来看,内外空间十分丰富,有许多细节上的、宜人的小处理。具体讲地段,南侧新林院以尊重旧建筑为主,将主要功能设置在地下并通过水系强调旧建筑;地段中部起主要聚集作用的圆形水广场与扇形舞台十分有表现力,形成视觉焦点;地段北侧通过曲线坡道化解轴线与高差,同时解决了停车问题的做法也比较巧妙。

这个方案不足之处是,将公共活动引上二层的曲线平台,但垂直交通还有些不够便利。此外,地段内各个建筑物的表达欲望都很强,然而缺乏一定的重点统领或者彼此协调。建议通过澜园或者高塔起到这种统领作用。方案在后期的深化也比前期偏慢,最终的现场讲述表达也还有改进的空间。

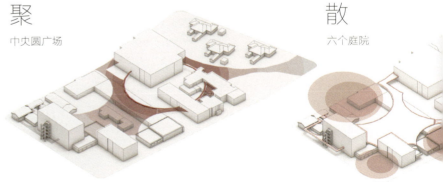

聚 中央圆广场

散 六个庭院

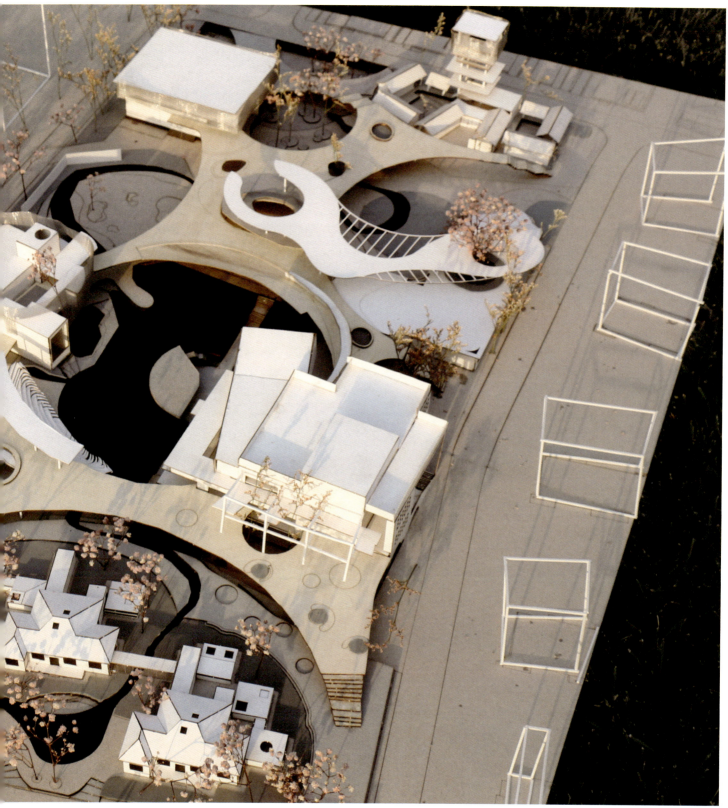

离
单体建筑改建

合
平台连接

聚散离合·微园／生活剧场

学生 | 张钰淳

"微园"作为会议中心处在一个平台交汇的复杂位置，这里原本是一组形成合院且体量感近似澜园的建筑。于是，我用方形体块的围合去还原合院，但在体量和高度上进行压缩以更加突出澜园的主体地位。平台的交汇作为场地的干扰因素，生成了穿孔铝板的圆形外壳，我将这个有机形式称为"收束的结"。这样一来建筑在外部具有领域感和收束性，内部则形成景观的渗透和多角度观景体验。

我将小超市和菜市场视为一个重要的地方，是照澜院曾经烟火气的象征，也是场地生活能量的重要来源之一。我将菜市场放置于屋顶平台，希望用一个非世俗的方式去充分展现世俗生活；坐在剧场一样的大台阶闲聊，或者略带仪式感地提着菜篮拾级而上，聚集在树下舞台一般的空间进行交易。

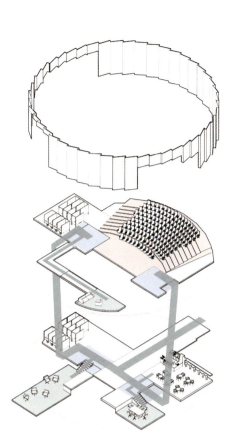

微园爆炸分析图

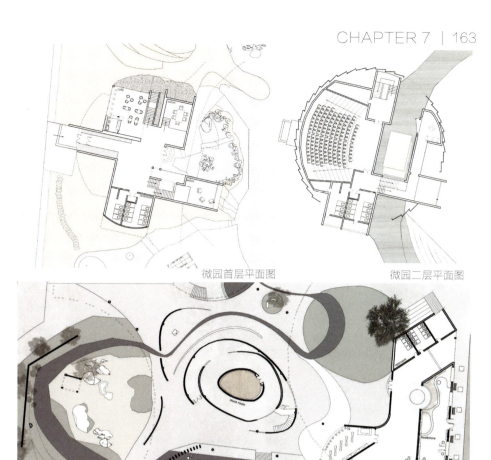

微园首层平面图　　微园二层平面图

生活剧场首层平面图

书店内景

过渡空间光井

从"散"到"聚"

静思室

聚散离合·四方园

学生 | 易昕仪

最先被我们构想出的是一条流线，穿越平台荫蔽的广场，远望波光粼粼的水面，水中辟出一条道路，潜下去，浮起来，抵达剧场之前，这是 the show before the show。之后细节按照所谓"四个立面"的框架被逐步填充、丰富，变成了方案最后的样子。途中向老师说明方案的时候，我曾经形容它为变色龙——方案之初不存在预设值，或者说固有属性，是随着整体规划的逐渐深入，方案的样子才像拼图一样渐渐浮现的。

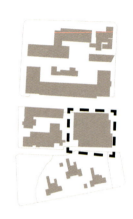

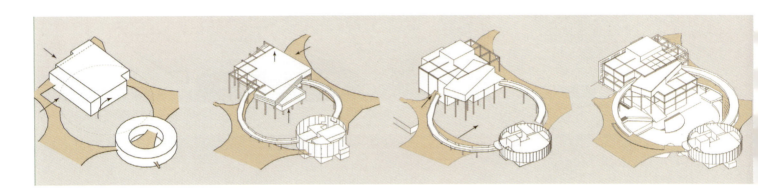

聚散离合·檐影塔院

学生 | 唐睿尚

最开始的场地缺少作为北面主入口的秩序性，交通的混乱和与北面旧建筑的冲突是希望解决的主要问题。

邮局在功能上作为游客中心，正对二校门的轴线以及前期引入的平台体系是建筑的主要矛盾。首先借助邮局原有的高差得到下沉停车空间，并用平台的圆主题切出一个近似三角形的入口，回应二校门轴线进入场地后的两个流线方向，其中一个圆形庭院则作为连接停车空间与平台下的一个入口庭院。邮局的形变源自前期引入的二层平台，平台的冲力使得邮局的二层内收，三层挑出，为平台的末端提供了庇护。

体量与旧建筑冲突的服务楼做拆除处理，但保留了加建于外部的钢楼梯，原因是楼梯上鸟瞰的景观很美，因此将钢楼梯改建成瞭望塔。在钢楼梯两侧引入了肌理与旧建筑相似的两个合院（功能上作为客栈），其中一个因为平台的作用发生偏转，由此在两合院的夹角处形成一个客栈的入口大厅，并使得西侧也生成两个次入口，最后用一条路径连接其中一个次入口与两个合院，使得整个场地的东西向流线完整。

聚散离合 · Sitting here in silence

学生 | 沈民智

一切伊始的时候，新林院有三座老房子。老房子有漂亮的砖墙和坡屋顶，还有精致的门窗。它们是正经的建筑，好看的建筑，不怎么明艳照人，但安静的样子却令人感动。我没有理由不将它们从内而外地保留下来。这三座小屋的位置也很耐人寻味，一起面朝太阳，但是又前后错开。我觉得这相似的形式和特异的位置在向我诉说着什么。我将其理解为老房子的个体性。

于是，我的所有设计内容都是在实现一个目标：展现老房子的个体性，它作为个体的美。而与此同时，我的脑海中出现一些不可抗拒的幻想。三个面向太阳的独特个体，前后交错地站立。这是一种古老、孤独而神秘的图景。我想起复活节岛的巨石像，直觉告诉我，在相距甚远的两者之间存在着不可言说的联系。从而，这个设计在表达老建筑的个体性与美感的同时，泛着浓郁的神秘色彩。

溶解

学生 | 杨昕璇 沈艺芃 洪千惠
指导老师 | 王毅

设计说明

这个方案诞生在一个夜晚头脑过热的畅想中,由对于校园中缺少半室外空间和模糊空间而目的性过于明确的"控诉"出发,在不到一小时就被一幅幅片段化的图景胡乱填充完整:在延伸进入大楼地下层的大草坡上打滚、在拥挤的街巷中穿梭迷失,甚至我们还可以有一片顺应真实地形的水域,满足在北京日渐枯萎的某南方孩子。如果让我们将照澜院改造为一片学术小镇,那这片区域一定不要是像下课时黑压压人群骑车冲下六教大坡的气势汹汹整齐划一,而可以是模糊、充满可能性、亲近人的地带,重新调动感官,让人们在挤压与寻找中重新认识生活中可能被忽略的一些细节与快乐。

于是这个名叫"溶解"的方案因为一开始想法的琐碎不理性,开始了16周漫长的整合与落实。我们选择打破照澜院原有封闭的东西向路网,由贯穿南北的水系以及环绕水系的步道作为主要组织方式。在这条主要的环湖动线串联起主要的建筑而逐渐消隐于由新林院向北延伸的绿地,也依照原有地形进行了一系列高差处理,又点缀广场、坡道、台阶等一系列不同的节点,用光线、视野、高度、界面变化等手法着重营造氛围的变化,渴望给人带来持续变化的感受。而在有意制造混乱的同时,我们也依据轴线、模数及原有柱网控制建筑的消解与错动,保持其一定的逻辑性。

"溶解"不仅仅是建筑体量的消解平衡,而是建筑与自然、建筑与使用者的交融,也是人对生活与复杂世界的沉浸与贴合。

教师点评

本方案较多地保留了原有建筑,通过引入水系,有效激活了整个场地环境。围绕水面的人流动线组织清晰,一系列亲水景观的处理也较为精彩。
每个地段建筑单体的改造设计上,较好地处理了新旧元素之间的关系。一系列灰空间的设置,成为室内外空间的过渡。
不足之处是,地段之间的建筑语汇的协调性还可以再加强。

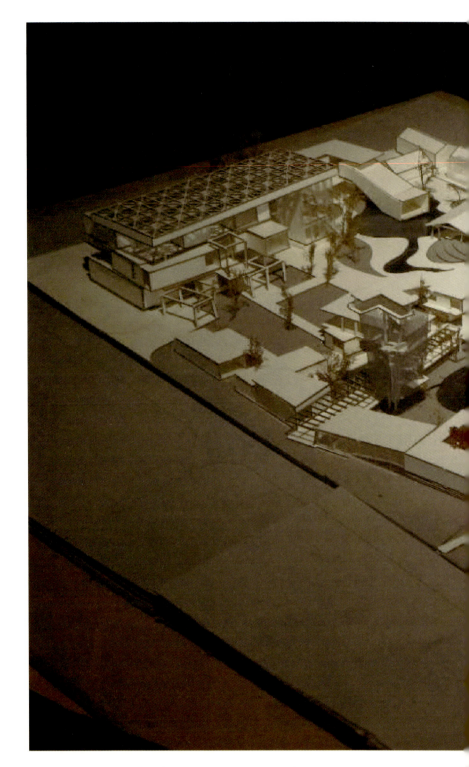

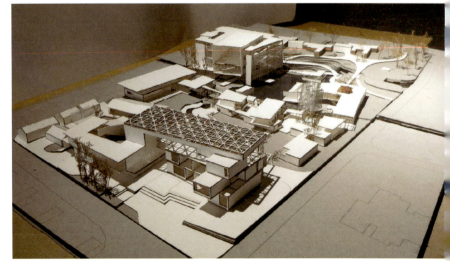

体量溶解

引入绿化

水系柔化边界

强化环水道路

溶解 · Hide & Seek

学生 | 杨昕璇

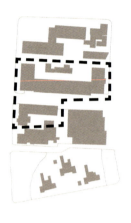

　　照澜院街道的现状是整齐却没有变化，建筑与城市空间之间缺乏过渡。本次设计试图改变这种现状，通过浪漫因子制造冲突甚至混乱，希望人们能在行走中调动起感官，去感受场地的变换、遇见一些意外，重新发现日常生活的惊喜。为了使这样的变化处在一定的控制下，引入新林院斜向轴线，使之与场地现有的东西向轴线交汇，形成路径的分叉与转折，又通过高塔联结并回顾了原有轴线，给游走的人群以视线焦点与指引。而建筑根据原建筑模数依据轴线进行切削、旋转与错动，并顺应地形与水产生互动，形成一系列丰富灰空间，营造多样的街道剖面。这种街道的动态性也渗透进室内，使内外空间界限模糊。拦住去路逼迫人迎向溪流的挑台、矮墙后突然出现的湖与对岸的新林院……在场地中人们将获得丰富且有秩序的空间体验，可能就像捉迷藏一样，在下一个转角想起遥远的记忆获得突然的快乐。

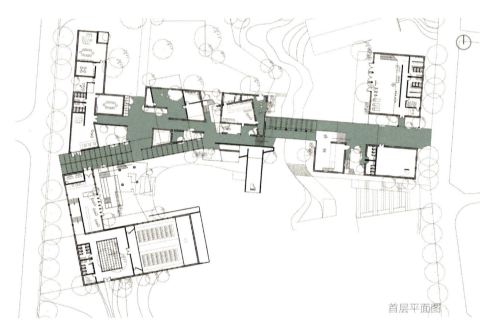

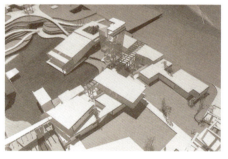

首层平面图

CHAPTER 7 | 171

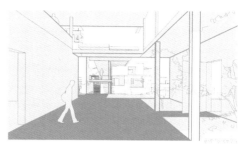

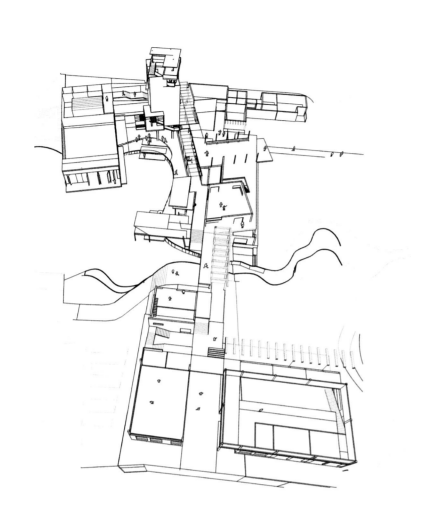

溶解·澜园

学生 | 沈艺芃

　　澜园演艺中心作为"溶解"中建筑与环境咬合的结束点，及全地段中与邮局相对的节点，希望由水系激活底层空间、点亮夜晚，成为学术小镇的好去处。

　　澜园及新林院的再造是从平面、剖面和空间结构同时进行的：方案保留框架结构，由轴线转折影响，插入"溶解"的中小体量。中等体量作为演艺厅向北坡下，与顺应南高北低地势的公共空间呼应，使新林院成为山坡上受尊重的历史。之后，水系激活负一层，在新林院半地下停车场收束，以"藏水"的方式增添园林感。

　　方案对A、B地块的岸线整体考虑，设置一系列景观：亲水阶梯、园林坡道、栈道平台及紧凑台阶。此外，方案保有澜园记忆；受原有玻璃庭影响，置入中庭、下沉庭院等公共空间，改善自然采光；方形金属板搭配玻璃砖及幕墙的表皮处理也是对红砖方洞的呼应。

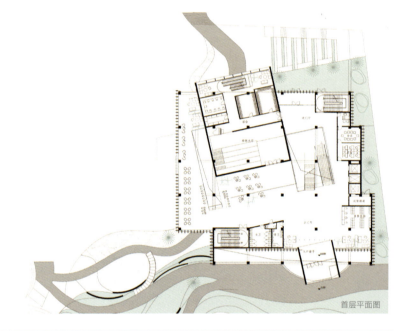

首层平面图

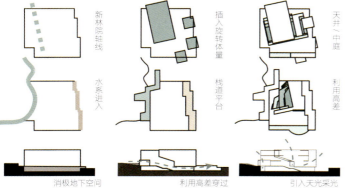

新林院轴线　插入旋转体量　天井 / 中庭
水系进入　　栈道平台　　利用高差
消极地下空间　利用高差穿过　引入天光采光

溶解·邮局

学生 | 洪千惠

该设计为照澜院 D 地段的改造。该地段的旧建筑由邮局、服务楼及三合院组成，主要问题为活力的缺乏与体量的失调。为实现该地段的入口功能，将邮局进行部分拆除并活化立面，形成入口广场。拆除服务楼的同时，在邮局上方加盖 S 型带状体量统领整个地段，形成 L 型平面秩序，围合出多样的室外空间。

首层平面图

二层平面图 三层平面图

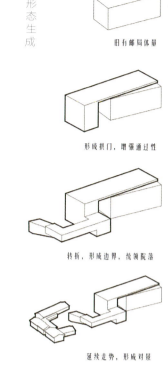

形态生成

旧有邮局体量

形成拱门，增强通过性

转折，形成边界，统领院落

延续走势，形成对景

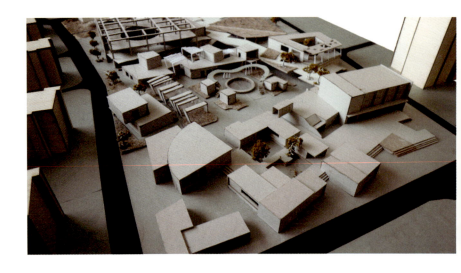

斜与正

学生 | 杨棓陲 赵雪怡 朱若宇 霍语潇
指导老师 | 王毅

设计说明

一座好的小镇应该像一篇好的文章，拥有"起承转合"。这样一来，我们所追求的空间序列感、韵律感也就不在话下。从 D 到 A，由北向南，进入小镇的人依次到达 - 起始空间（吸引人流）- 承载空间（聚合人流、划分人群）- 转折空间（功能中心、场地高潮）- 合尾空间（结束全篇、阅读园林塑造安定氛围）。我们希望小镇能给人移步换景、律动自由之感。

其次，在原本的地段研究基础上，我们希望能打破原小镇模块式的划分，构造更为灵活的流线，于是确定了"架桥"的概念。同时基于地块轴线的转折，我们订立了正、斜两个坐标系，通过增删减改，确定了"正轴定位、斜轴组织"的概念。我们所有的大体块建筑皆在正轴，是场地的功能中心，也是定位点。斜轴是我们整座大桥的方向线，希望大桥能在功能上起到游线作用，在形式上能将功能建筑组织在一起，从而更具有整体感。

在这两个大前提下，我们再根据水平层级、垂直层级以及一些细节考虑，多方调整修正设计以期望达到最初的要求。

教师点评

本方案规划设计的概念确定清晰。"起承转合"的空间序列设定合理，但四个地段在空间处理上不够连贯协调，部分地块元素过多、过于繁杂，建议可以做一些减法处理。

斜与正·新林院

学生 | 霍语潇

　　在保留老建筑的前提下，营造开放交流的校园氛围，改造中大量运用了场地原有的外部空间，创造适宜各类活动的灰空间以及三栋原有建筑间的连接。

　　加建部分位于原有建筑之上，强调悬空、漂浮，带给人不同于老建筑的反重力、轻盈之感。加建的"盒子"位于老建筑后院上方，避开了老建筑主体，保留了老建筑的正立面，充分尊重了原有建筑。

　　建筑的坡屋顶在校园环境内独具特色，加建部分保留了坡屋顶的元素，将其转化为折板，坡屋顶主要表现在外观，折板在使用者感受上强调了这一元素。

　　折板下的"柱林"包含了加建部分的结构柱，围合出活动场地，对折板下的流线进行引导，呼应场地内"树木众多"的特色。

斜与正·超市

学生 | 赵雪怡

　　综合整个地块考虑，C 地段起到的主要作用是承载人流、划分人群。所以首先我希望能做一个有趣味的广场来容纳从 D 地段到来的人流。同时由于餐饮空间是四种功能空间中相对比较松弛自由的一种，所以 C 地段主要的功能是餐饮。同时，为了实现划分人流、增加趣味性的目的，还设置了游走回廊、健身房等功能空间。

　　C 地段也是整座大桥的约束交汇中心，所以我将桥的功能也做了一些拓张和改善，不再只局限于提供流线，也融入了功能体块。同时，视觉上为了弱化大桥的紧密包罗感，在东侧健身房一带原本是桥梁枝杈连接健身房体块的部分改为玻璃顶棚的长廊，以实现减弱效果。C 地段并非整个小镇的功能高潮，却是小镇的趣味主题，所以我穿插了弧线空中回廊、玻璃廊道、功能小房间（奶茶点、报刊亭）、喷泉等元素希望能够丰富空间，同时也多一些轻快趣味的氛围。

斜与正·澜园

学生 | 朱若宇

B地段作为整个地块的功能核心，也作为"起承转合"的"转"，需要在满足功能需求的同时调节两组坐标系之间的冲突。在这个地段里，澜园是必须保留的原有建筑，而澜园的框架结构能够很好的体现原有坐标系。因此，在改造澜园时，我不仅将顶层的墙面和顶拆除，更在立面处理上将梁柱结构裸露出来，从而对建筑的框架感加以强调。同时，我也在原本方正的澜园里加入了一个球型结构，在功能上分隔出一个空间作为剧场，在形态上也呼应了其他地块内的圆形和曲线元素。在地段的西面，我加建了一个较大的坡屋顶，从而使地段内的建筑体量得以平衡。屋顶下是一个可通往澜园地下和地下停车库的入口，同时也是一个可供人休息的半开放灰空间。屋顶上可通往二层交流平台，也可作为户外休闲区域。

斜与正·邮局

学生 | 杨棓陞

我设计的地段位于北侧,在整体"起承转合"的顺序中属于"起"。设计采用了院落的布局,一来体现"起"的宜人环境,二来呼应北侧的四合院。另外,院落中间采用下沉庭院,以在原有的地面高差的基础上增加层次感。

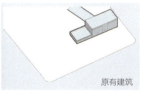  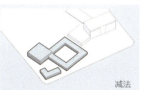  

原有建筑 | 加法 | 减法 | 分离 | 上台

CHAPTER 8

指导老师 | 夏晓国

在水一方

学生 | 罗苑艺 王语涵
指导老师 | 夏晓国

设计说明

我们的方案从清华校园的历史文脉出发，尽力创造一个既能满足当代大学生生活需求又能够与校园历史文化、建筑风格相融合的学术小镇。我们前期完成了充分的调研，在设计的每一步都有依可循。

我们对二校门原有的轴线进行了融合与转化。通过邮局的设计吸收与接纳二校门的轴线，并将行人引导到大礼堂轴线这一更加宏大的轴线上。并与新林院的轴线相结合，以此形成了场地自身的两条轴线。

所有的建筑都是通过围绕中心广场、挤压路径的方式分布，最终形成街巷 - 广场的外向空间和建筑 - 庭院的内向空间。此外，我们调研了周边建筑的风格与立面材质，并将其转化与应用到我们的设计当中，力求使新建筑在变化当中又能与周边环境和谐统一。场地中的每个建筑各有特色，却又相互融洽，通过二层的廊道将大部分的建筑相连，并在建筑附近设有多个交通盒，以此满足人们的垂直交通需求。

在这样的小镇里，广场的虚和建筑的实相对应，轴线的延伸带来路径的引导性，红白的材质搭配很好地融入了清华的大背景。我们确信这就是清华大学内学术小镇应有的模样。

教师点评

两人从清华的历史文脉和环境提取元素，使得整个方案与清华融合得很好。多个广场各具风格，将街道串联起来，形成点 - 线 - 面之间的交汇。整个规划松紧得当，东西两侧的处理较为规整，用折线来代替斜向元素，在南侧新林院放松处理，呈现出更多的散布和斜向道路。轴线的处理合理有新意，邮局对二校门轴线的吸纳与转折，不同于以往轴线贯穿的处理方式，引进大礼堂的轴线，使二校门轴线转折更具说服力。各个建筑相互考虑，形成建筑之间的对话，使整个方案更加和谐。整个方案亲近人体尺度，给人惬意之感。

不足之处：中间的建筑界面有些破碎；单个广场和单体建筑的设计还不够深入；地下的空间流通性还不够合理。

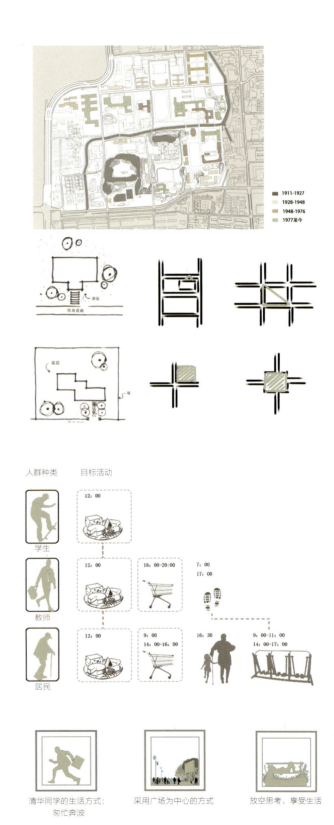

清华同学的生活方式：
匆忙奔波

采用广场为中心的方式

放空思考、享受生活

东立面图

西立面图

剖面 C-C'

剖面 D-D'

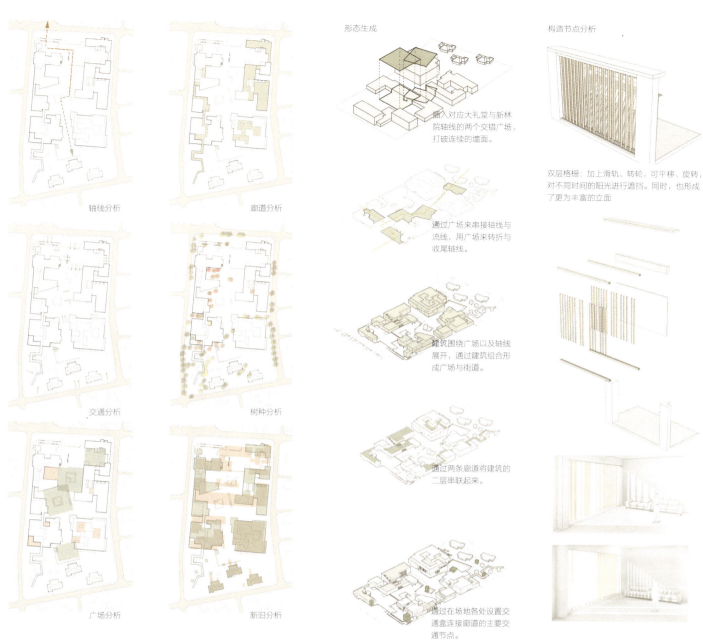

在水一方

学生 | 罗苑艺

经过对东西方广场的分析与调研,我们采用了广场串联街道的方式来组织交通,以便实现广场更高的可达率与利用率。西侧的商店与演艺中心围绕中心广场展开,与照澜院之间用穿插体块对应。利用大台阶将屋顶平面连接,形成大量看台式通道。同时在三层消减体量,形成屋顶花园,加法部分加强斜向轴线。

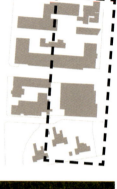

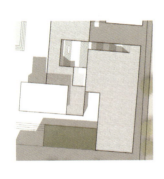

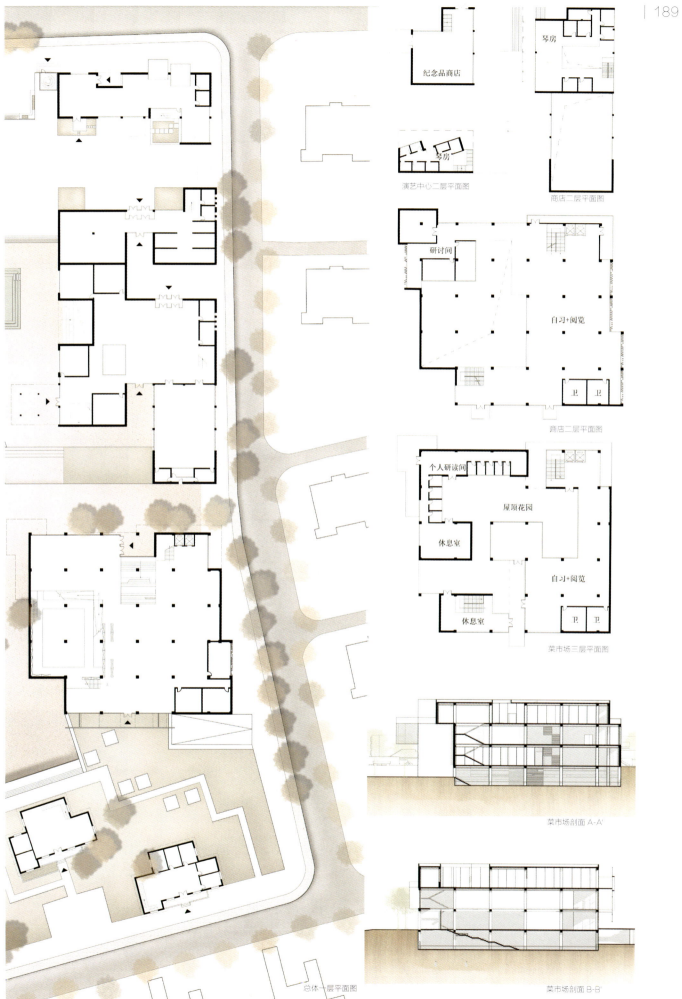

在水一方

学生 | 王语涵

我们采用了两个不同高差的交错广场作为整个场地的中心来处理新林院轴线与大礼堂轴线相交的问题。其中的广场也是整个场地的最高点，能在广场上有完整的视线。同时，它也阻断了轴线转折的可视性，让人走到交错广场时眼前一亮。

与广场类似的，在靠近新林院一侧的建筑体块设计时，也考虑到对二校门轴线与新林院轴线的呼应与过渡。

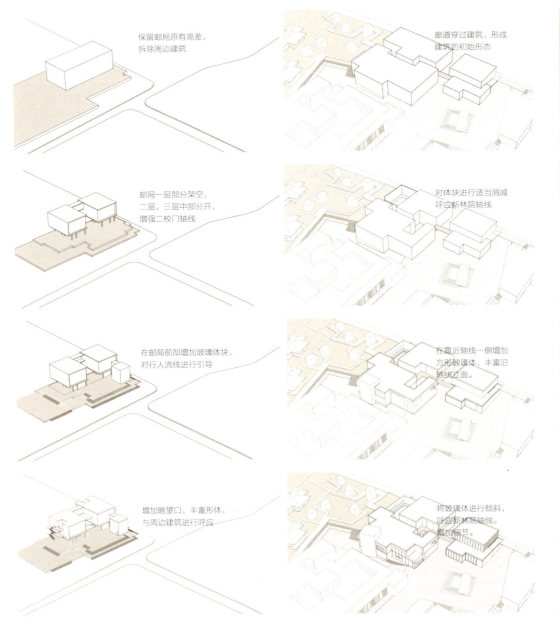

保留邮局原有高差，拆除周边建筑

廊道穿过建筑，形成建筑的初始形态

邮局一层部分架空，二层、三层中部分开，增强二校门轴线

对体块进行适当消减呼应新林院轴线

在邮局前部增加玻璃体块，对行人流线进行引导

在靠近轴线一侧增加方形玻璃体，丰富沿轴线立面。

增加眺望口，丰富形体，与周边建筑进行呼应

将玻璃体进行倾斜，呼应新林院轴线。增加细节。

照澜院学术小镇

学生 | 刘忠源 陈其言
指导老师 | 夏晓国

设计说明

我们的设计从轴线的应对作为出发点，为了让来此的人感受到轴线的变化，我们精心设计了一种铺地方法（可以在模型中比较清晰地看见），铺地顺应建筑和场地的关系，从东南向西北逐渐扩大，共分为四种形式，在每一块广场使用不同的形式，期间自然连接。这是对于大的场地的顺应关系。

在大的关系之外，在地块内部的很多处理手法上我们也提取了一些清华元素，将之融入我们的设计当中。我们从二校门，大礼堂以及图书馆等清华老建筑中提取到了拱的设计元素，于是在场地上加入了拱廊的元素。

为了保留新林院的完整性，我们决定不对 A 地块新加建筑或是进行改造，与之相对的，我们延续了菜市场这里的地下空间，是在这里也塑造多样的地下活动区域，可以看到其中有体育活动、休闲娱乐的室外空间，也有餐厅、会议室、健身房等室内活动空间。这种地下空间的手法在整个 ABC 场地中都有使用，将整个场地联系到一起。

教师点评

地下空间的做法不错，与建筑的衔接和与地面的联系比较有趣；大平台的地方有些突兀，没有处理好平台与中心广场之间的关系，理念中与四周建筑的对应方法并没有完全落实，有些部分很牵强，建筑物之间的关系与连接还可以，但是中心广场的场地可以进一步设计。

自行车停车位

场地入口

场地内人流线

铺地铺装位置

场地中拱元素使用位置（及二校门）

露天地下空间示意

可上人屋面示意

场地内绿化区域

北侧应对方式 - 凹凸咬合
与北侧道路对侧的建筑相互咬合，呼应场地中的阴阳关系。

东侧应对方式 - 虚实相间
应对东侧公寓的不连续封闭立面，采用"玻璃＋实墙"的对应方式。

南侧应对方式 - 尊重历史
拆除扩建，还原南侧新林院群的历史原貌，营造别墅群氛围。

西侧应对方式 - 局部抬升
平台围合场地广场，并与西侧树林形成对景呼应。

一层平面图

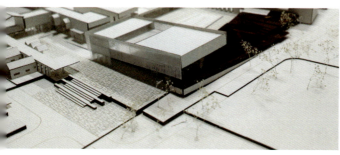

照澜院学术小镇

学生 | 刘忠源

提取清华园中常用的"拱"的元素，比例延续其 1:2.5 的比例，在出发点的欧式拱廊中提取部分元素，创造出"属于照澜院的"拱廊。

场地铺地设计：铺地的加入使得场地广场更加富有变化性，同时铺地的加入也是为了使人在人的尺度感受到轴线的变化，在铺地与建筑边缘相交的部分通过切割角度的不同便可以感受到建筑为了顺应场地而做出的倾斜。同时铺地的大小自西南向东北由小变大，顺应建筑的体量和气质的改变。

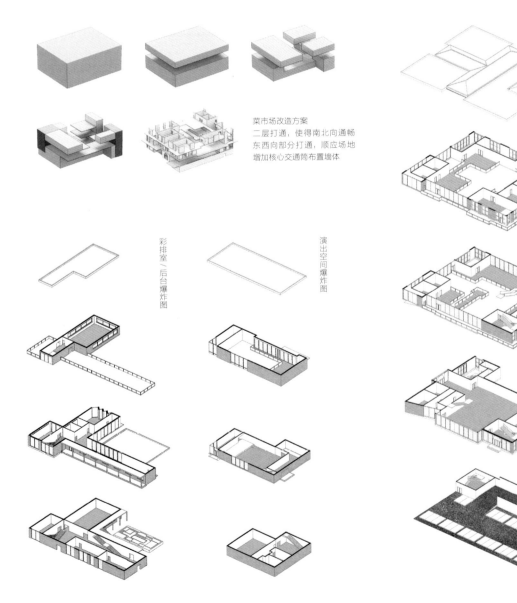

菜市场改造方案
二层打通，使得南北向通畅
东西向部分打通，顺应场地
增加核心交通筒布置墙体

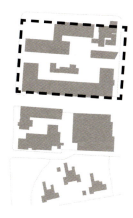

照澜院学术小镇

学生 | 陈其言

[1] 根据原有柱网体系创造建筑体量

[2] 确定虚实关系，一、三层为虚，二层为实体

[3] 减法掏空局部体块，营造灰空间

[4] 加入格栅丰富立面，完善功能及流线

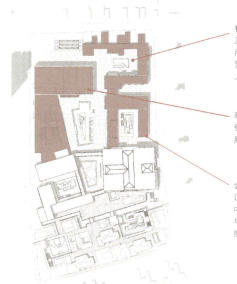

餐饮类：面向自西北侧广场进入的游客、居民及来自东北侧的学生，提供大型餐馆与小型休闲餐吧复合的餐饮模式，配之以北侧为短暂看望学生的家庭准备的若干家庭空间，让每一类人在此处都能寻找到适合自己的场所。

商业类：保留邮局原有的体量特征，面向从北侧广场直接进入的人流，提供较为综合的商业服务。

会议类：为未来的学术小镇提供学术活动及会议的举办场所，位于主广场东侧，位于场地的中央附近，相较于入处更为私密。结合会议室与沙龙的功能。内下沉庭院给人以围合中心之感。

餐饮空间与会议空间在地段中的具体位置及功能安排

各广场之间的主从关系及位置示意

北侧家庭空间与旧照澜院间的肌理关系及位置示意

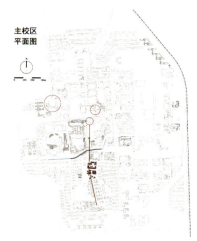

旧照澜院在清华校园中的轴线分析

改造后照澜院在清华校园中的轴线分析

照澜院建成环境再造

学生 | 陈彦文 廖琦 雅鹿
指导老师 | 夏晓国

设计说明

在整体规划层面，我们研究使用者和场地之间的相处关系，将使用者与照澜院作为本次改造的思考对象，进而引出"索取"和"回报"作为核心的设计理念。通过对照澜院的观察，我们发现现有使用者对照澜院正处于单方向的索取甚至剥削的状态，对场地尽可能多地建构了应付使用者功能活动所需的建筑，经年累月，这种不健康的关系构成了现今我们所看见的照澜院。

因此，我们为双方构建了一个二者得以相互回报、索取并且无限循环的新环系统，使人与自然能形成互惠共生的健康关系。对于新老建筑群的联系，主要以新林院古建筑的院落组合方式作为脉络，将其延续至新建的小体量建筑院落当中；整体建筑群再通过连廊进行联系，加强群组与群组之间的相连性。自然元素在整个设计中总是以同等交融的关系出现及存在，由整体到局部对设计进行系统式的绿化，意在将建筑包围树的现状，改造成换树来包围建筑的理想环境。此外还通过对景观等规划和选择，达到室内、室外、绿化之间转换的和谐。

同时，我们更对周边场地完成了局部的改造，如为了引入北部教学区的活跃性，设置了一条始于东北部第四教学楼和第五教学楼的空中廊道；为了解决二校门前的交通堵塞问题，对校河周边地区加建亲水平台；将高一、高二楼穿入空中廊道、改造成为学术小镇的配套功能。

教师点评

整体规划由核心理念到设计成果的表达一脉相连，尤其模型制作充分地表达了理念思想。"人与自然"的关系确实将会是人类永恒思考并且关注的课题，而建筑作为人类与自然亲近最直接的存在媒介，学生通过设计阐述了自己对待自然的态度，并为现状存在的问题作出应对。将场地"化整为零"设计理念，虽是现阶段学习中较难完成的，但同学仍然完整并很好地表达了他们的理念。设计中所使用的散点式小体量建筑虽已被大面积的地下系统进行较好的统合，但仍需再考虑北方建筑保暖等问题。另外，成果中还对场地周边环境的探索和改造，也为整体规划设计进行了更深一步的完善，使改造计划中的场地能与现成环境更为紧密融洽地结合起来。总体上说，整个设计过程从构思立意阶段到最终成果的表达都表现出一种很放松的姿态，多样化的图纸表达方式也体现出同学的平面表达能力。

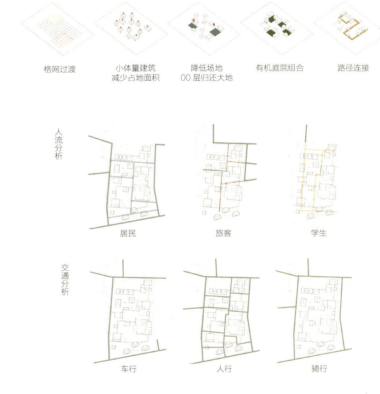

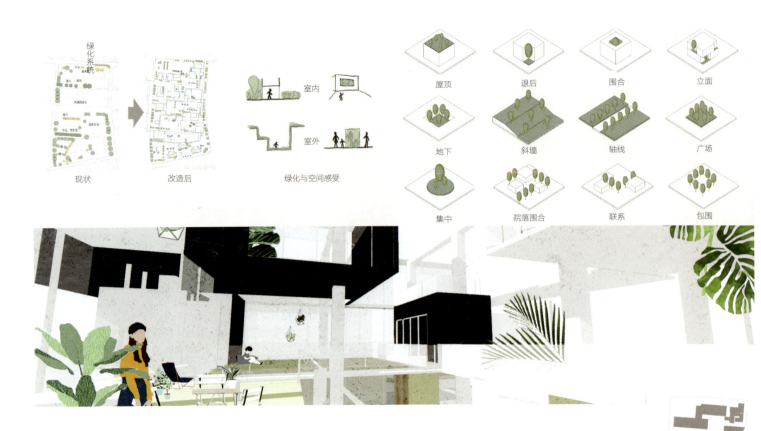

照澜院建成环境再造

学生 | 陈彦文

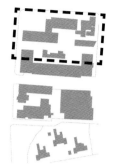

照澜院建成环境再造

学生 | 雅鹿

通过接待楼、邮局的改造，将建筑中间打通，强调地段与清华二校门的轴线；游客中心设计充分应用各式绿化设计；同时，演艺厅设有户外舞台。院落和院落之间围合成较大的活动广场，形成场地之中一收一放的组合节奏。

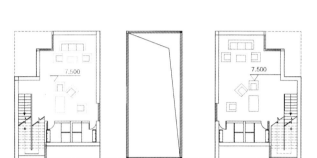

接待厅三层平面图

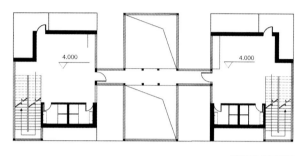

接待厅二层平面图

照澜院建成环境再造

学生 | 廖琦

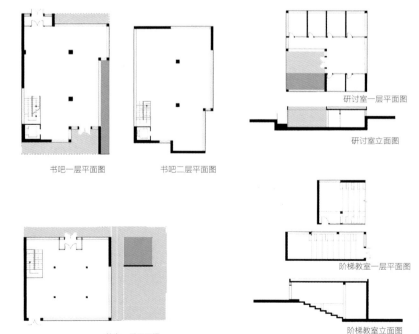

书吧一层平面图　　书吧二层平面图

研讨室一层平面图

研讨室立面图

阶梯教室一层平面图

茶室一层平面图

阶梯教室立面图

作为使用者必须归还场地应有的尊重，通过加入新网格过渡，增建小体量建筑；同时降低主要活动的标高层，增建地下系统，尽可能多地将场地归还给大地。

THU 木秀

学生 | 岳金龙 刘可为 许巧
指导老师 | 夏晓国

设计说明

这次的设计项目由单体的建筑增加到整体小区的建设，和以往单个建筑适应整体环境不同，小区本身作为一个小整体，内里的建筑互相必须有形态、功能和流线等的联系，同时适应整体环境。我们各自所设计的建筑整体都以竖向的条纹或竖玻璃作为立面构成元素，每个建筑的体量互相适应。服务楼对应二校门从中间内空，形成一条对应入口，进入正南再折向新林院方向的主流线。

不同分区营造不同的环境氛围，通过上下交叠的廊架来创设不同层级的空间感受，中央的广场和塔统筹视线，高耸的建筑体表皮的垂直纹理呼应纵向树木的初生与变化，统合成一个整体性的建筑体系。

教师点评

方案整体在规划上轴线明确，东西两条线很清晰，与整个清华的建筑布局比较契合，南端新林院的处理自然灵活，但是图纸表达上不太够，整体偏灰暗，也不够一致，相比而言模型表达效果就十分好，也就是大二水平的图纸加上大五水平的模型。

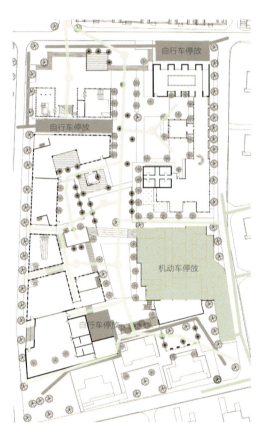

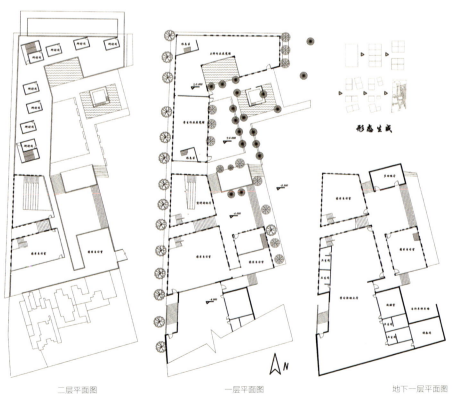

二层平面图　　一层平面图　　地下一层平面图

THU 木秀

学生 | 岳金龙

THU 木秀

学生 | 刘可为

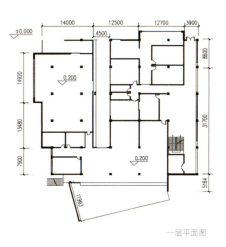

一层平面图

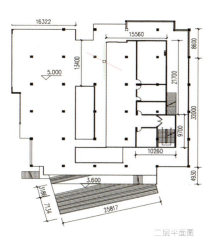

二层平面图

THU 木秀

学生 | 许巧

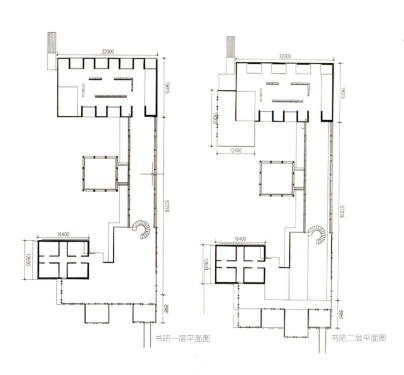

书吧一层平面图　　书吧二层平面图

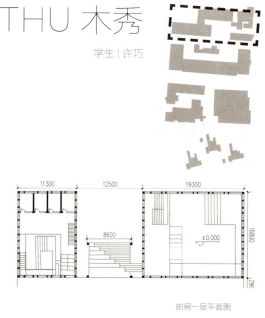

邮局一层平面图

CHAPTER 9

指导老师 | 朱宁 刘海龙

学术小镇

学生 | 岳楷键 黄凯强 熊哲剑
指导老师 | 朱宁 刘海龙

设计说明

通过对原有地段的分析，我们认为场地存在的主要问题是：大部分功能都集中于超市和食堂中间的狭长区域，各种人流在此集中，而其他区域则被后勤、停车等占据。因此需要重新梳理空间秩序。通过对人群来向的分析，决定以三个广场来重构秩序，广场结合周边建筑功能分别发挥人流集散、文化交流、生活休闲的功能。

教师点评

优点：改造后三个广场串联，空间秩序整理得很好。同时广场之间有形式与发生行为上的差异，具有一定的丰富性。建筑之间较为协调，整体性较强。
不足：室外空间形式较单一，广场尺度相近，缺少街巷这一重要的空间类型，导致室外空间体验不够丰富。各个广场之间连接简单，空间没能相互渗透交融。

学术小镇

学生 | 岳楷键

　　北侧广场主要应对大礼堂 - 二校门轴线，并承担会议类功能。原邮局建筑一层改造为游客服务中心，同北侧广场一起服务游客与居民，并将原有圆弧标志强化为混凝土圆拱，创造室内拱顶之下的丰富空间。新建多功能厅处理为三重檐叠落，既形成视觉焦点又联系两侧建筑。中部广场周围界面变化丰富，促成多种行为活动产生。广场四周立面使用了相同材料和贯通水平线条，保证立面的统一性。在内部空间设计上，试图创造开放流动的空间，营造自由讨论的积极氛围，激发学生创造力。

多功能厅

三级阶梯下落，西承高二楼与邮局，东接一层新建建筑，形成连续界面，并限定广场主入口。

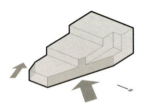

切削，东北侧迎接人流做主入口，东南侧让出进入广场通道。

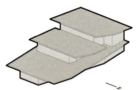

三重屋顶逐级微翘，塑造屋顶平台与丰富的檐下空间，同时凸显标志性，昂扬舒展。

入口、室外楼梯、屋顶平台等细节深化，强化入口空间的丰富性。

邮局改造

简化的邮局原状，半圆弧应对大礼堂 - 二校门轴线。

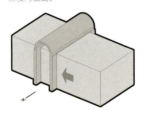

轴线偏移。应对结构限制，满足功能需求。置入圆拱。强化旧有圆弧，同时营造室内空间。

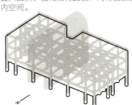

结构改造，拆除圆拱下部分梁，以加设楼梯，净化拱下空间。

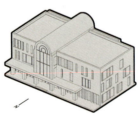

重新塑造立面，既符合内部功能又实现外部意义。

学生活动中心

在旧有单层建筑的场地上新建二层建筑，支持学生的学习研讨及社团活动。

局部切削，应对东侧长条形建筑和广场，在广场西侧形成凹凸有致的丰富变化。

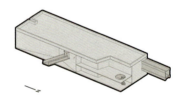

外部交通。连廊与北侧和东侧建筑连通，形成统一整体，旋转楼梯将广场向屋顶平台延续。

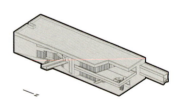

立面细化，在凹进处设出入口，虚实对比强化凹凸变化，木制格栅予人亲切与温暖。

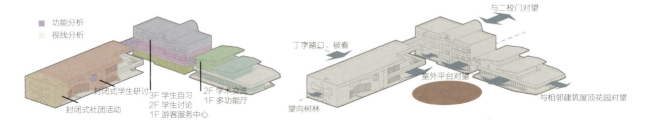

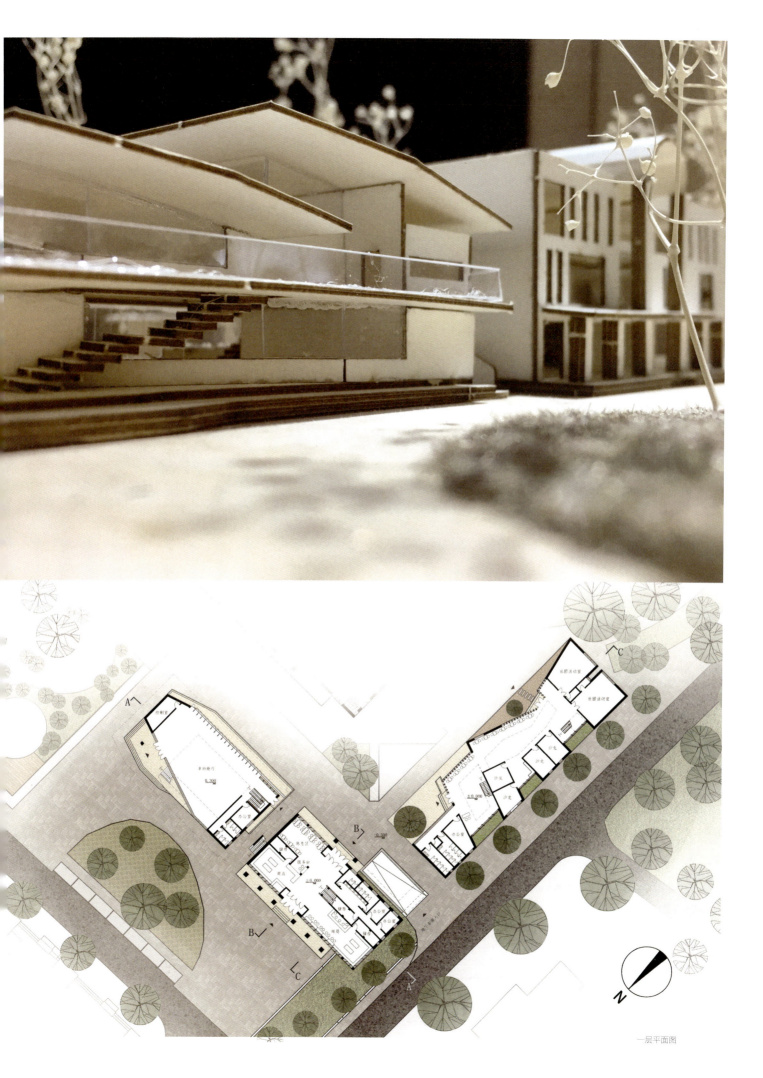

一层平面图

学术小镇

学生 | 黄凯强

中部广场及建筑的主要设计理念是"围合"和"联通"。东北部的建筑更多体现水平延伸性，方向和整体地段南北方向一致。通过屋顶下部流动空间的打通，应对来自北侧广场和西北方向人群进入场地内部的需要，同时创造屋顶花园，提供更多更有趣味的休息空间。中部建筑为东西走向，建筑在一层打通多个通廊，分隔并联通中部与南部广场，使两处广场渗透交流。中间广场为便于组织人流，在西北和东南入口设置绿化，广场四周的剧场、书店、社团活动中心等都朝向广场渗透，开展各类活动。

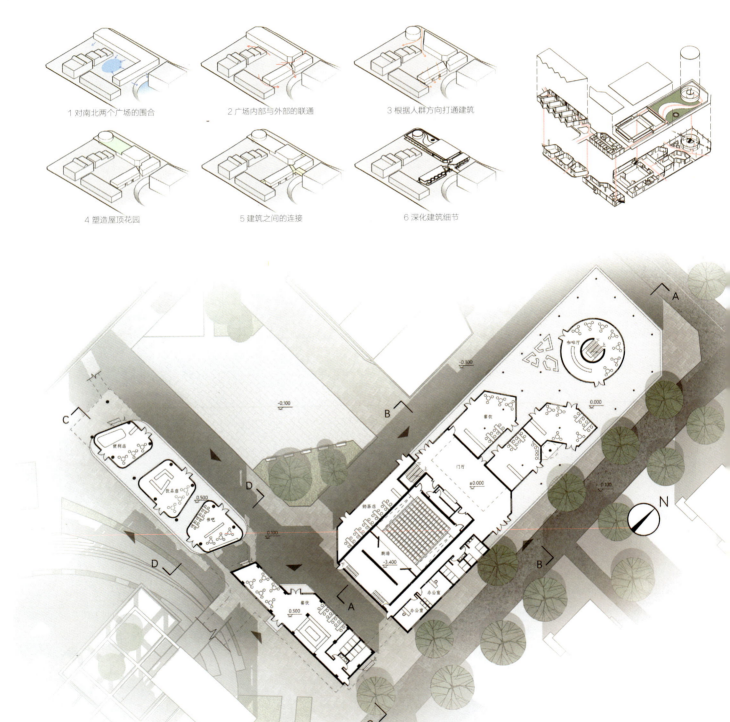

1 对南北两个广场的围合
2 广场内部与外部的联通
3 根据人群方向打通建筑
4 塑造屋顶花园
5 建筑之间的连接
6 深化建筑细节

一层平面图

学术小镇

学生 | 熊哲剑

对于整个南区，我希望能够释放原本闭塞的空间的活力，同时将活跃点外扩，给这片生活性较强的区域注入艺术气息。首先，通过创造偏心的椭圆形下沉广场，使食堂作为统领性的综合体处在一角，与四周较小体量的建筑对话。关于广场，让多种行为可以发生，并采用多层环形流线系统，通过坡道和室外台阶连接和穿插，将各层连接起来，使艺术与生活交织在一起。澜园食堂则分为广场、平台、廊桥、花园四个主题进行改造。

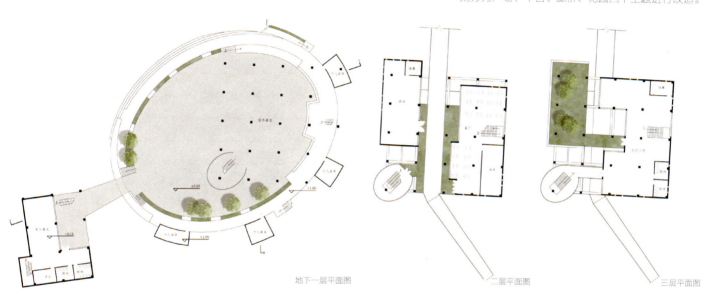

地下一层平面图　　二层平面图　　三层平面图

一层平面图

瞧

学生 | 陈彩倪 林怡雯 郑嘉雯
指导老师 | 朱宁 刘海龙

设计说明

照澜院是作为一个大学校园内学生、教师与社区居民的重要生活场所，主要负责服务与解决人们的基本生活需求等问题，是这个偌大的清华校园内一个不可或缺的组成部分。然而经过调研分析，发现照澜院内各年龄层之间的互动是非常缺乏的，导致照澜院看起来除了比较商业化，并没有比较活泼的社区文化气息。导致这种现象的原因包括了缺乏共同活动的空间、各年龄层活动时间错开等，让各年龄层之间没有互动的机会与空间。除此之外，照澜院内建筑功能混乱且重复，私搭乱建的建筑也一并存在，导致社区的美观受到破坏。因此，本次的照澜院改造设计，我们以加强教师、学生、居民之间的交流、活动机会为主要目的进行改造，其中包括重整规划建筑功能；增加休闲活动与交流的场所；增加、调整、抬高走动路线；同时为社区进行绿化、美化，以增加居民外出活动的意愿。我们将照澜院原本横向划分明显的路线打破，加入线性广场和桥贯穿照澜院两端，同时改变了人们习惯性集中的地段与行走路线。桥也将建筑之间进行连接，从而让不同功能的建筑之间产生关系。桥和线性广场的出现能让人们有不同的、新鲜的视觉感受，例如人们在桥上桥下会产生不同的视觉互动效果，同时这也增加了比较多且丰富的户外活动空间，给人们提供了足够的场所与机会进行互动交流，从而达到活化社区，提升社区魅力的目的。

教师评语

"瞧"的设计出发点是可以的，但桥的连接方向上却因为没有考虑周全而无法真正体现设计意图。另外，桥的形式也可以更多元化及有趣，不只限于与建筑作交通上的连接。在单体建筑的改造方面，则是过多地注重上层空间的入口等设计，进而有些忽略了最重要的一层平面。

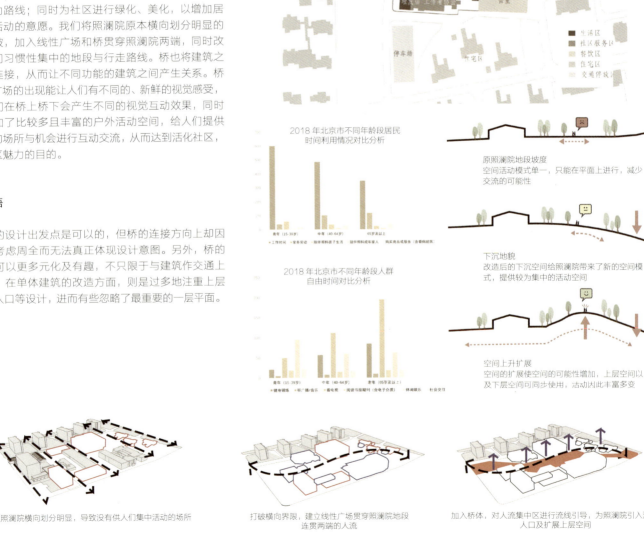

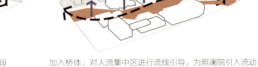

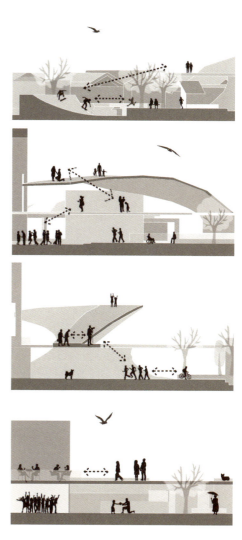

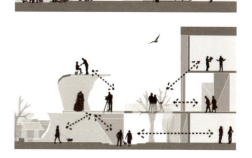

瞧·照澜书苑

学生 | 陈彩倪

照澜书苑是一个结合书店、咖啡厅、艺术工作坊和艺术展厅的文艺类多功能建筑。为了让建筑内的空间不凌乱且有组织性，于是将建筑内部切分成不同大小、不同功能的简单空间体块，再由中间的主要交通通道将其串联起来，形成一个多功能的文艺类建筑。

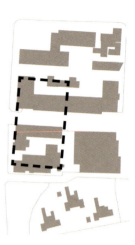

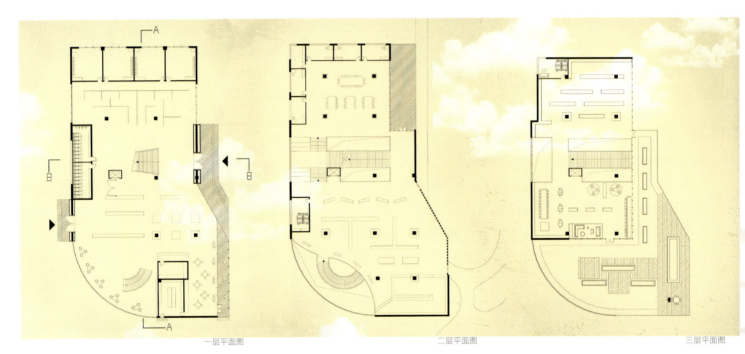

一层平面图　　　　二层平面图　　　　三层平面图

东立面图　　　　南立面图　　　　西立面图　　　　北立面图

瞧·DA SQUARE CITY

学生 | 林怡雯

菜市场改造的构思源于：加入桥，引入交流。因此，Da Square City 重点在于内部功能及空间的重设，使其在方块框架内更多元化及丰富，并且在造型用形态构成组成立面，营造有趣的建筑外形，减小桥与建筑与人之间的距离感。

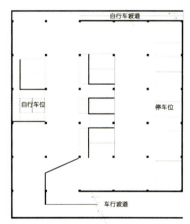

地下一层平面图

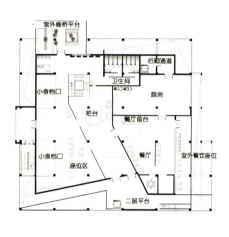

三层平面图

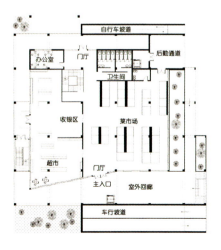

一层平面图

二层平面图

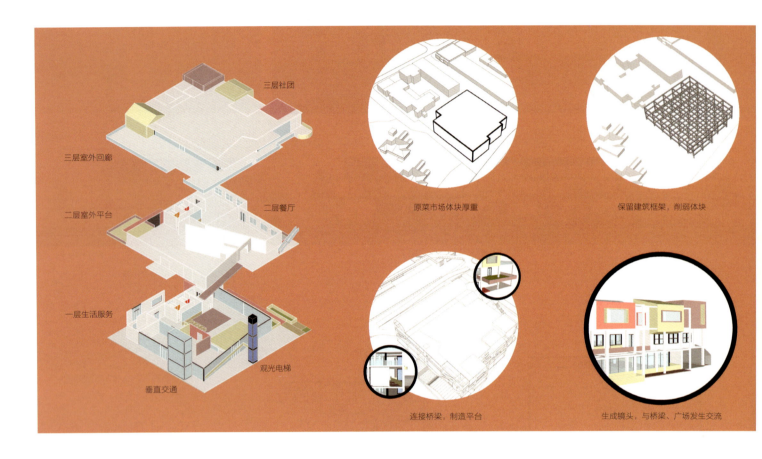
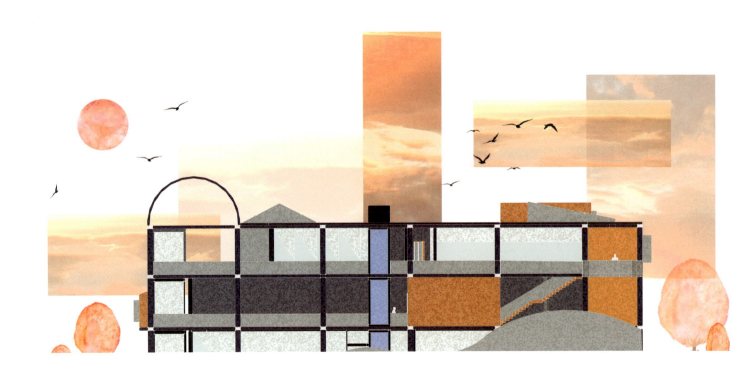

瞧·POST

学生 | 郑嘉雯

邮局改造的构思源于室内外空间的渗透，设计上延续从二校门到照澜院的轴线之余，模糊室内外边界，使照澜院的"入口"更具活力及吸引力。改造后的邮局保留其功能之余加入了咖啡厅，并进行加建与南面的超市作衔接，形成演艺厅。整体设计想体现在"大体块"内穿梭的活泼感受。

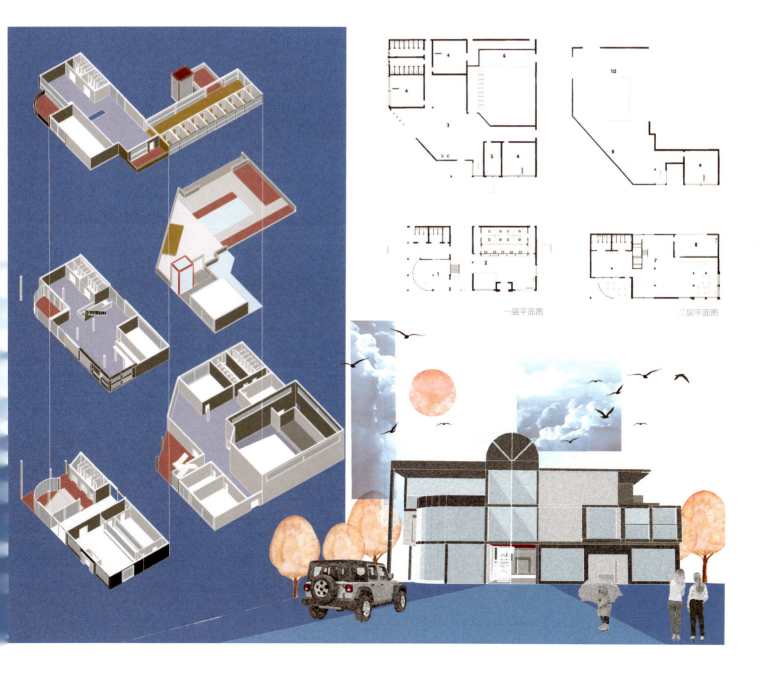

一层平面图　　二层平面图

BACKYARD

学生 | 沈征宇 何琪
指导老师 | 朱宁 刘海龙

设计说明

我们方案的出发点是对于场地结构的重塑，即改变现有地段流线僵硬、建筑组团层次混乱、与周边环境缺少对话的现状，创造一种新的秩序，让这一片区域成为周边居民乃至整个清华里一个活跃的场所，既可热闹市井，又能静谧学术，就像一个后花园般的存在。对于结构的重塑。基于对场地的前期调研，我们认为学生和游客的流线主要集中在西北侧，即二校门方向的人流，而居民和教师主要由东侧和东南侧进入。因此我们把这样一条从二校门出发，贯穿南北的主要流线作为了场地的主要流线，也即是主要的结构支撑。从北到南，我们尝试实现了对二校门轴线的强化呼应、延续、扭转，最后收束于南侧的新林院。此外，我们还在场地中加入了一些精神性的物件，包括广场中心的雕塑，南侧连接新林院旧宅与演艺中心的长桥等，希望能够让场地获得更多一层的解读。

教师评语

这个设计的室外公共空间较为丰富。下沉广场呈现出欢迎感的态势，迎接学生和游客人群。东北侧报告厅的灰空间将学者和参会人员巧妙引入场地之内。东侧和西侧沿街的界面均作了不同处理，在满足功能便捷性的同时，也给予人们丰富的空间体验，比如东侧的室外景观阶梯将界面打碎，引人上至二层。除了下沉广场及入口界面处理，东南侧的景观坡地和演艺中心建筑形成内外关联，也存在着例如廊桥、覆土建筑这些趣味空间。

CHAPTER 9 | 217

BACKYARD

学生 | 沈征宇

在主要流线经过之处,我们结合不同人群和功能,营造了各具特色的组团和单体,并以广场和下沉庭院充实其间。

东北侧的组团以桥相连,强调街道感受,热闹、开放而富于高差变化。

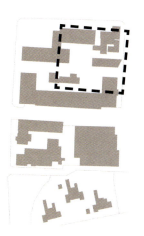

新旧体块

第一步:人群确定
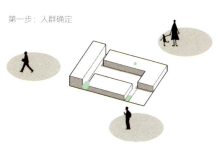

第二步:入口表情
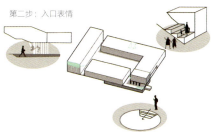

第三步:内外渗透
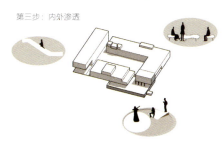

第四步:单体连接

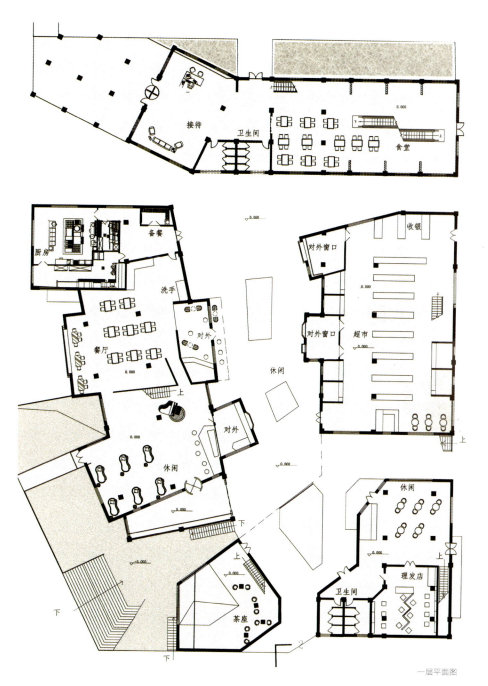

一层平面图

BACKYARD

学生 | 何琪

东侧的演义类单体的四个外立面表情各异，保留原有体量的同时在顶层增加几何体量，室内也以不同色彩、材质等创造了不同氛围的空间。

形态生成

减层　　室内通高　　增加体块　　立面细节　　最终形态

功能区块

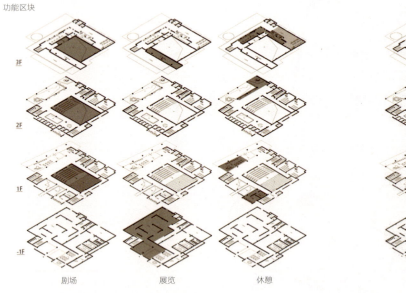

剧场　　展览　　休憩

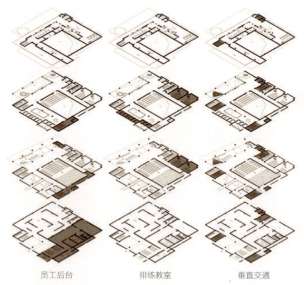

员工后台　　排练教室　　垂直交通

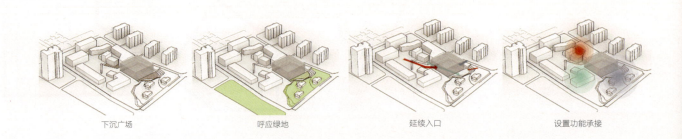

下沉广场　　呼应绿地　　延续入口　　设置功能承接

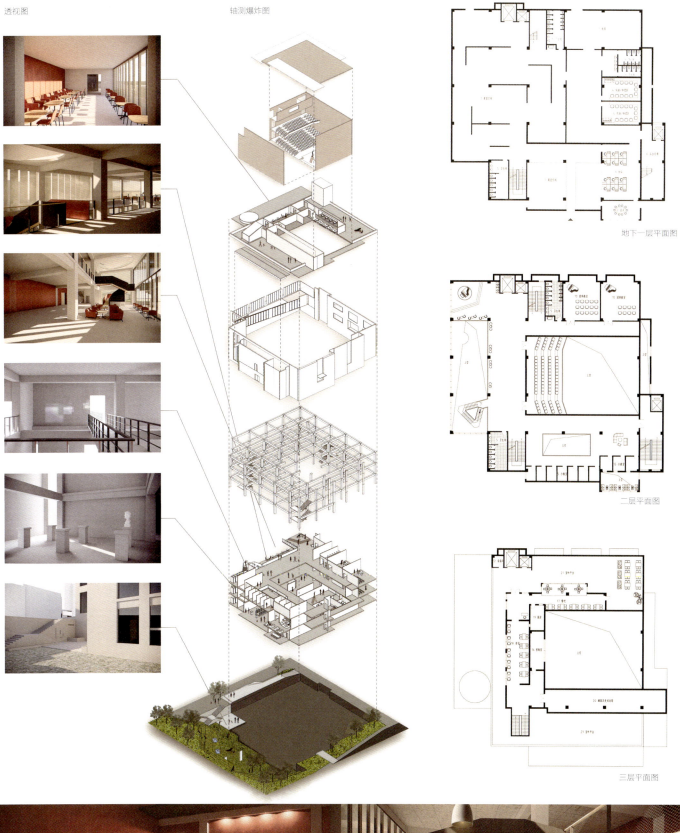

透视图　　　轴测爆炸图

地下一层平面图

二层平面图

三层平面图

游园

学生 | 肖煜 马傲雪
指导老师 | 朱宁 刘海龙

设计说明

在场地分析中,我们发现现存的建筑体块大小差异较大,且对空间秩序的安排不甚合理,阻碍了地块内南北方向的交流。通过对活动人群的分析,我们决定采用建筑围合广场的形式,广场作为人流集散空间,在此基础上进行各建筑单体功能的排布。
我们打通北端原有的建筑体块,与二校门的轴线进行呼应,并作为进入场地的主要入口,南北向的通路最后由起伏的绿地收束,此绿地也是作为场地西侧草地的延伸。
考虑到学生与游客主要是从场地北侧进入,而居民大多从东西两侧,在功能的安排上,我们保留了原有银行与邮局的功能,以满足需求,在东北角设置面向学生的演艺中心,原澜园超市的主体框架得到保留,将超市与菜市场的功能整合,在二三层插入个性化的活动空间。

教师评语

以广场为出发点组织周边单体建筑,在一定程度上打破原有的东西向交通,使得流线更丰富多元;但需要注意的是改造后的建筑体量与广场都有些大,与地段周边建筑的呼应较弱。同时,选用曲线的形式可以加强建筑与场地环境的联系,单体建筑的设计过程也可以更多地考虑曲线形态,而非简单对屋顶进行改造。

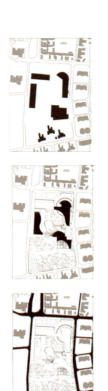
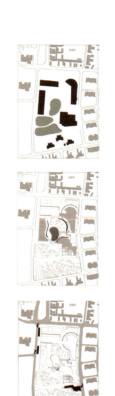

游园

学生 | 马傲雪

对于旧建筑的改造，我主要负责地段内的菜市场，希望通过一些手法将原来的厚重感减轻。拆除了部分墙体，只留下框架结构。首层退让留出入口，与场地的布局相协调；同时通过插入室外绿地，沟通二、三层间的交流，丰富空间体验。

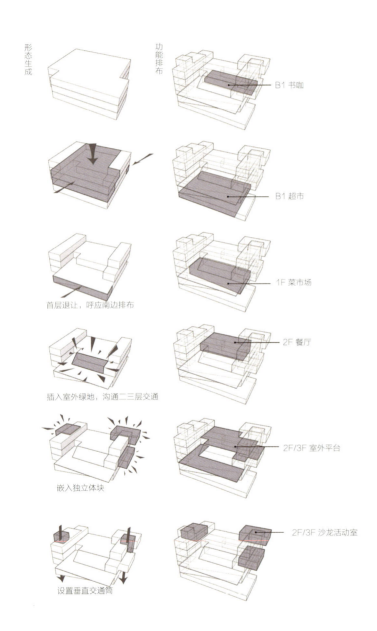

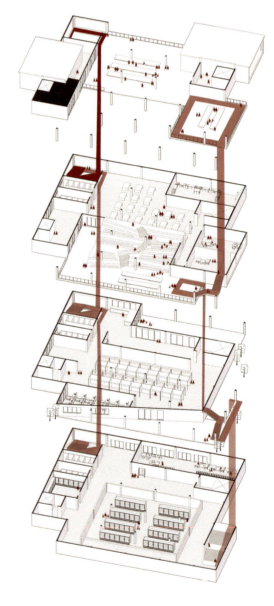

西立面图　　　　　　　　南立面图　　　　　　　　东立面图

游园

学生 | 肖煜

个人方案在功能上以演艺厅为主体，附设配套功能区，在形态上以圆形为核心，实现人流的引导和功能的划分。

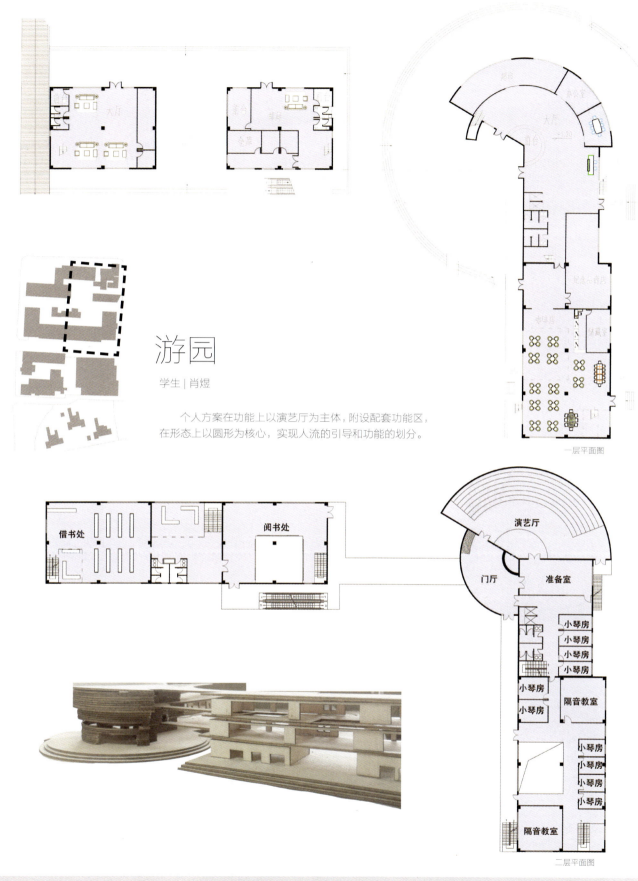

MICRO TOWN

学生 | 罗月 王晨曦 安芃霏 汪祎
指导老师 | 庄惟敏 胡林

设计说明

我们的方案名为 MICRO TOWN，意为"充满生活气息的微缩城镇"。在前期地段调研中，我们以问题为导向，辅以文献研究，探寻微缩城镇的特征与属性。在整体规划层面，小镇分为四个区域：轴线（轴）、街巷（巷）、广场（坝）以及新林院（园）。不同于传统任务书按地段分区的方式，我们按照整体规划的四个区域/元素展开设计，完成了一次深入合作。

整个方案中，街巷和广场形成虚实相生、收放互补的空间关系。轴与巷，坝与园，四个区域/元素互相渗透，为小镇的脉络画上细节和表情，共同营造出小镇的生活氛围。

教师点评

基于详细的地段调研，以问题为导向，为照澜院学术小镇提出了一个理性的解决方案。同时从周边的历史肌理与环境出发，将校园"红区"的轴线秩序与传统的街巷肌理并置，与自然景观环境形成有趣的"冲撞"，应和了清华校园特有的"浪漫"气质。方案在多元空间体验之间达到了一个较好的平衡，建筑之间体量与语汇和谐，而又各具特点，整体氛围活跃。

方案基于案例分析、实例调研，对各种类型街巷、广场尺度及空间感受进行了深入分析，空间整体张弛有度、有序而多样。澜园西侧广场与新林院的自然景观处理，较好地解决了轴线如何收尾的问题，同时在澜园与新林院之间形成了较好的体量与尺寸过渡。

不足之处：对于轴线延续的空间处理，稍显生硬，两侧建筑界面的设计对空间尺度、氛围感受的分析还不够。中心广场的设计，与南侧自然景观、两侧建筑的结合还不够，需要进一步推敲。

1. 路径混乱，空间呈点状利用，连续性不高

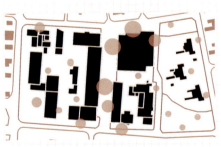

2. 公共活动空间不足

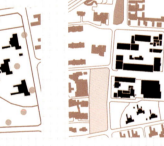

3. 建筑体量，风格不统一

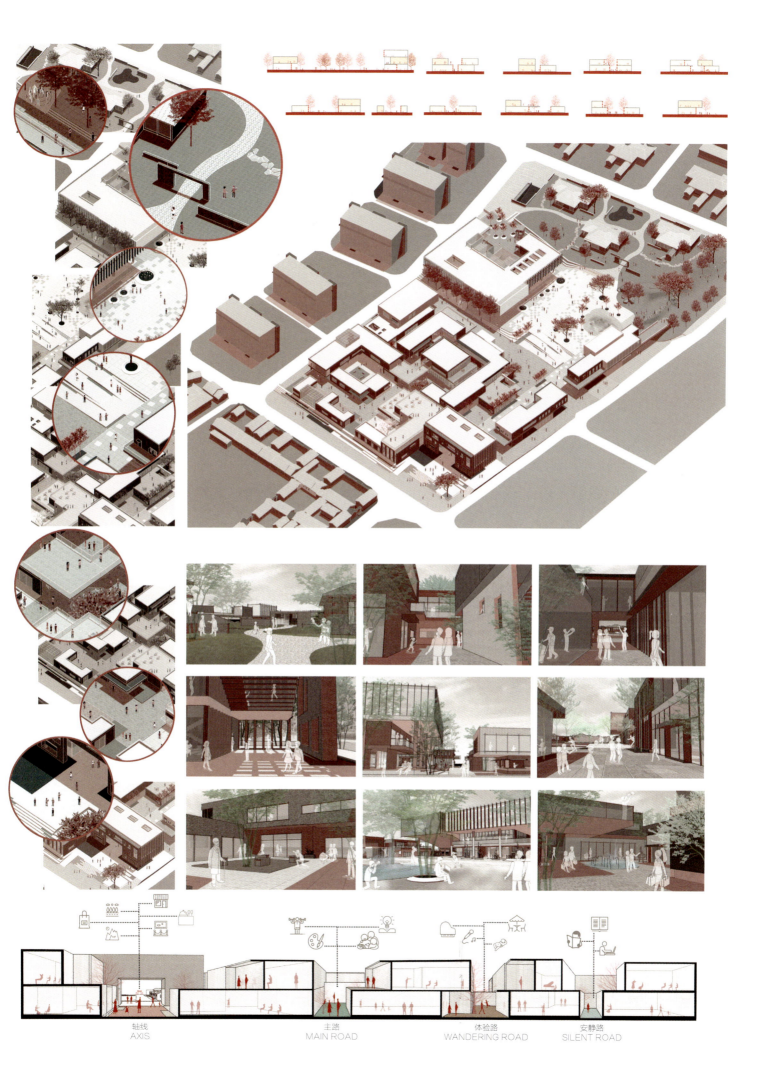

轴线 AXIS　　主路 MAIN ROAD　　体验路 WANDERING ROAD　　安静路 SILENT ROAD

广场

分析人流　　根据人流区分场地　　在关键位置设置小品　　进一步细化

菜市场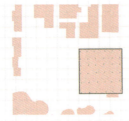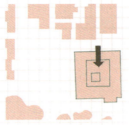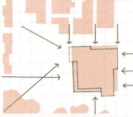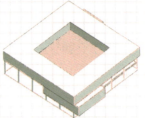

提取菜市场柱网体系　　内部挖空形成中庭　　周围环境及人流挤压形成退合　　底层退让形成公共空间

新林院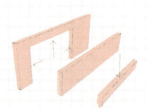

提取新林院片墙元素　　对墙的属性分类　　新林院交通组织　　片墙细节补充

路径及节点分析

轴线　　　　　街巷　　　　　广场　　　　　新林院
向心路径　　　无序路径　　　向心路径　　　无序路径

轴线　　　　　街巷　　　　　广场　　　　　新林院

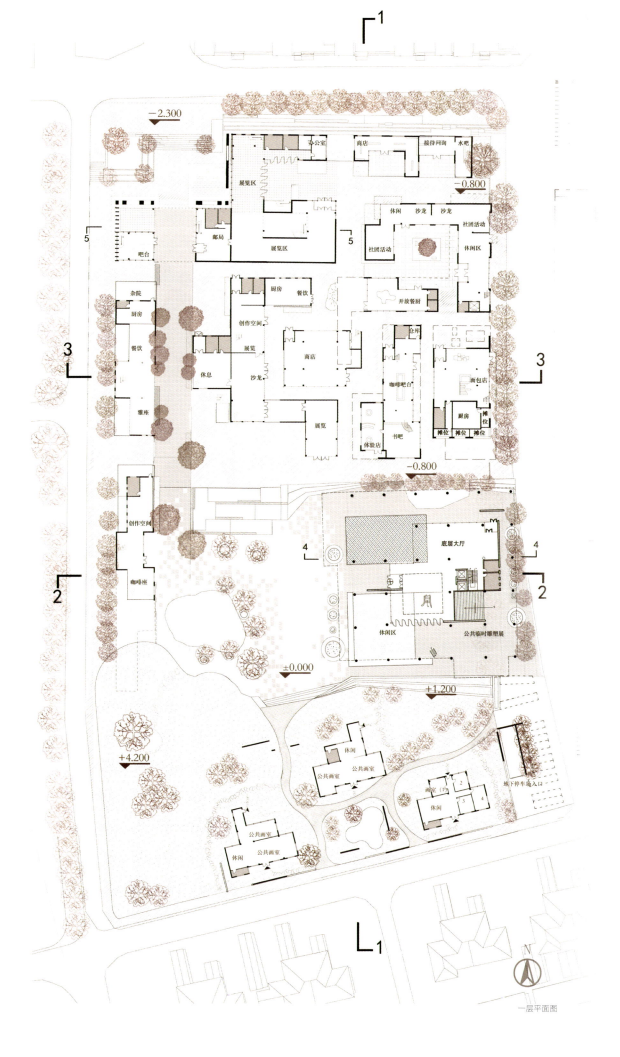

一层平面图

流线
人群流线单一
道路不便通行

学生&居民
居民
学生&游客
居民
学生&游客

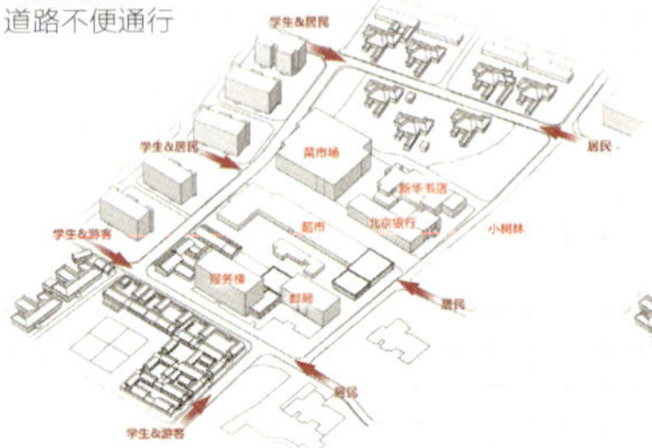

交通
南北交通闭塞
缺乏停留空间

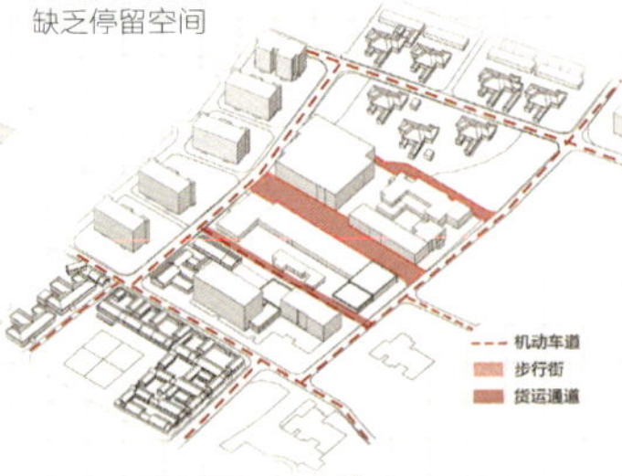

机动车道
步行街
货运通道

打造公共空间
丰富人群流线

学生&居民
居民
学生&游客

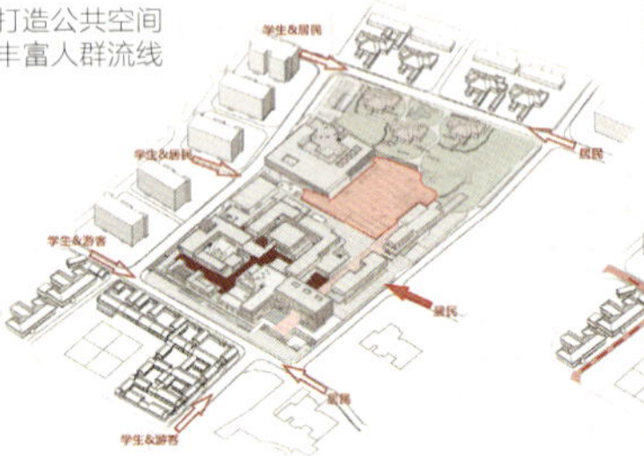

街巷、轴线、广场
打通南北供人停留

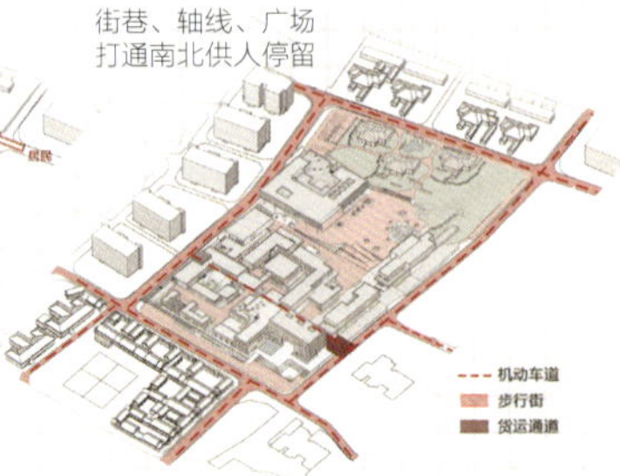

机动车道
步行街
货运通道

建筑
建筑单体独立
缺乏统一风格

改造建筑

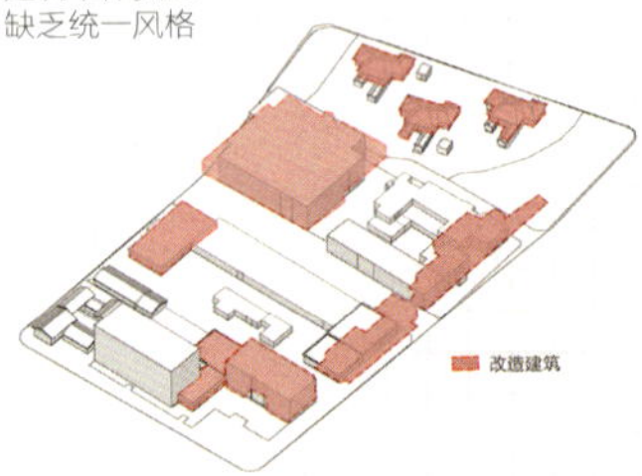

绿化
缺少大片公共绿地
部分树木形态良好

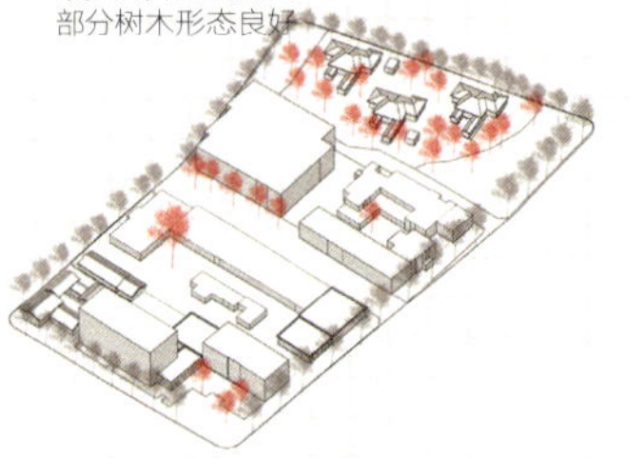

考虑整体风格
注重虚实关系

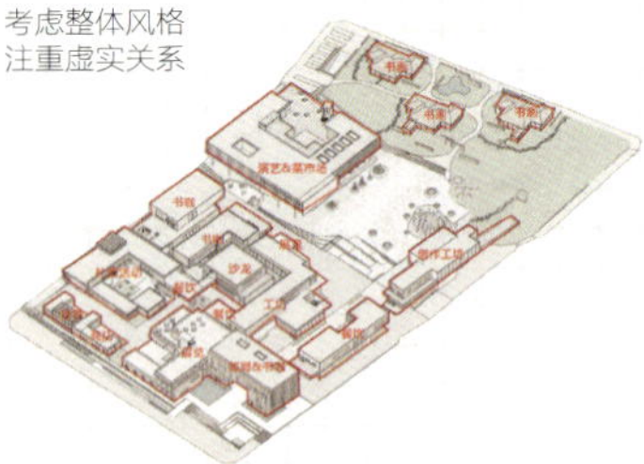

保留原有树木
增加近地绿化

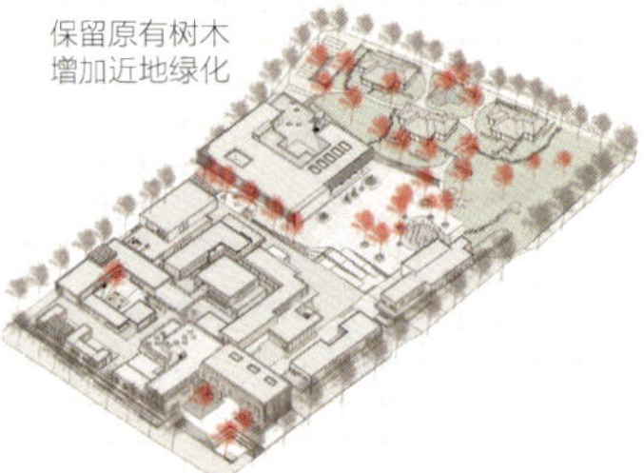

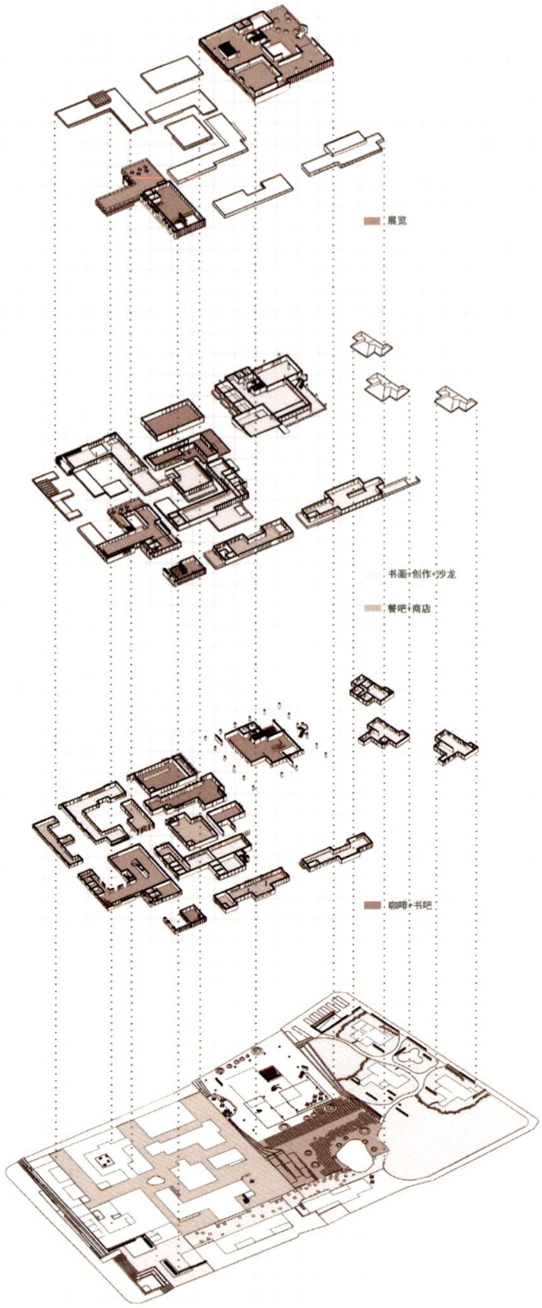

展览
书画+创作+沙龙
餐吧+商店
咖啡+书吧

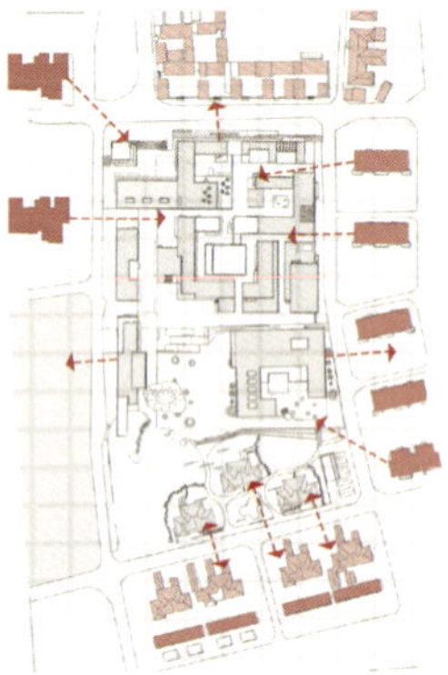

周边建筑

进入基地方式

人群分析

周边绿化

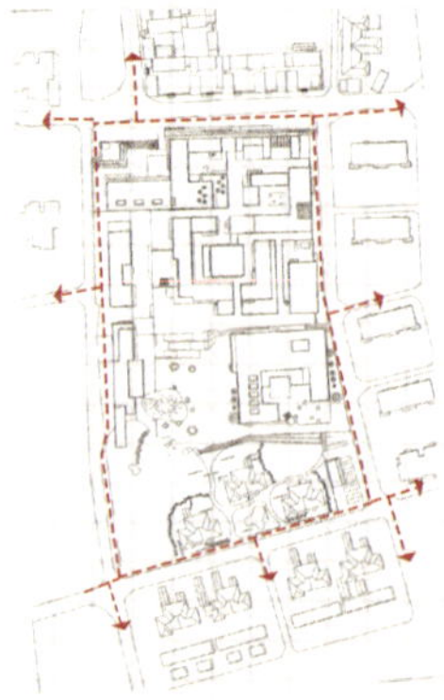

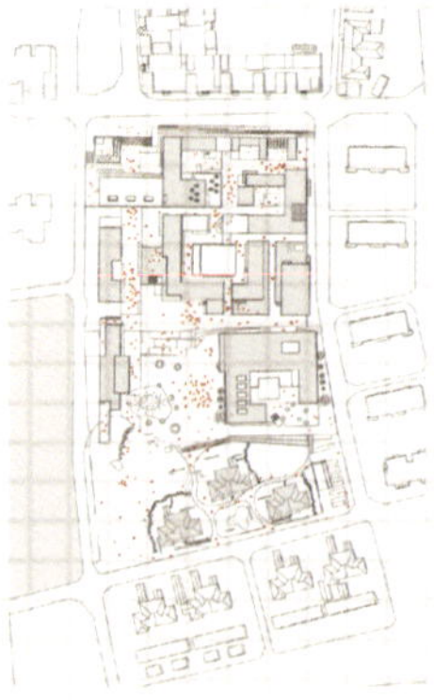

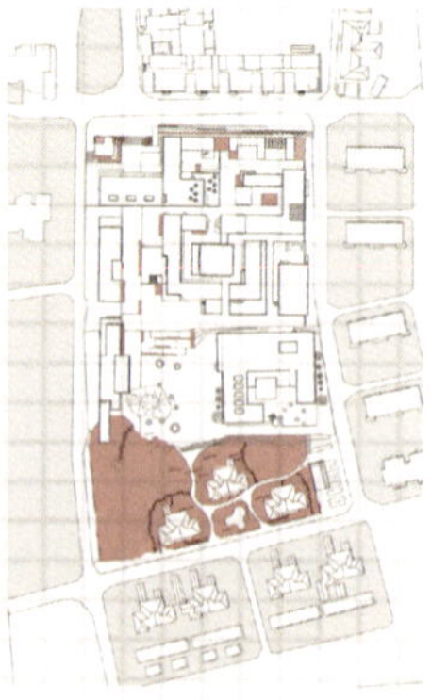

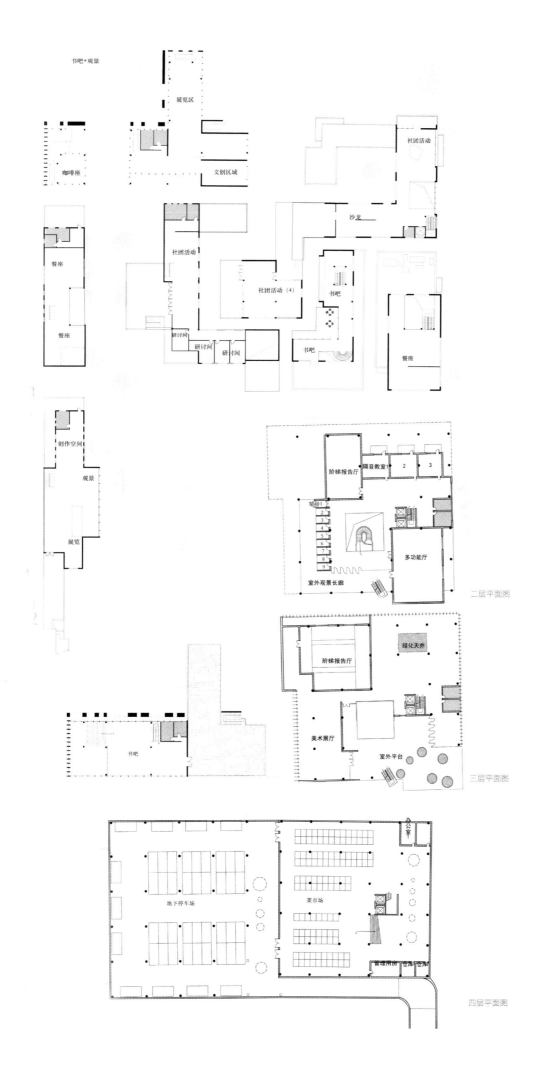

MICRO TOWN · 巷南一方

学生 | 罗月

坝：广场是所有道路和人流汇入的焦点，是整个小镇的客厅与集散空间，为人们提供了嬉笑怒骂的阳光、星空和屋顶。体量较大的澜园剥开表皮，空间向广场开敞，底层架空将广场空间延伸至建筑内部。

剖面 A-A

MICRO TOWN · 南北轴线

学生 | 王晨曦

轴：从清华校园历史文脉的延续出发，通过轴线与二校门建立视觉联系。轴线进入小镇后逐步汇入小镇内的中心广场，以新林院及周边的自然景观环境作为收尾。

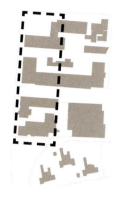

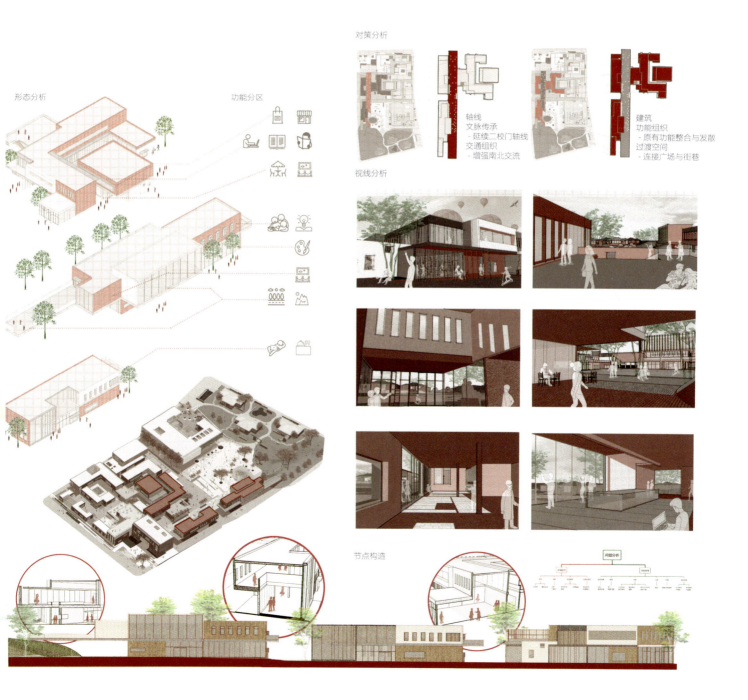

MICRO TOWN · 巷本巷

学生 | 安芃霏

巷：街巷肌理的形成以周边地段为环境基础，地段北侧为灰砖小合院，建筑体量小巧而具有照澜院特有的生活氛围。因此我们在原本散乱的平房基址上营造了一片街巷空间。在此建筑密集，巷子交叠，甚至让人迷失，然而迷失同时也是沉浸其中，我们希望这样的场所虽是新建，但从空间和氛围上能保留并延续照澜院原本的烟火气息。

MICRO TOWN · 巷北一隅

学生 | 汪祎

园：新林院以绿化景观为主，保留旧建筑，针灸式介入景观。草坡自然起伏，提供了充满意境的漫步休憩空间。矮墙和草地模糊了旧建筑的边界，将过去与现在相连。

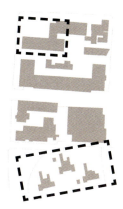

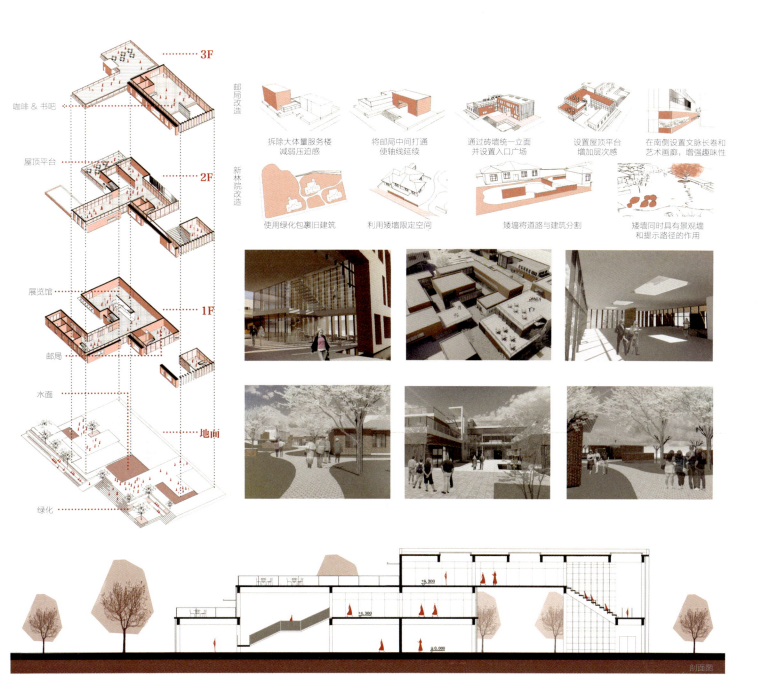

四方之方

学生 | 乌家宁 王萌 杨沁丰
指导老师 | 庄惟敏 胡林

设计说明

照澜院的发展历程可以上溯到20世纪30年代的校园规划，在20世纪中叶效仿苏联建筑形式的风潮中逐渐孕育，在1980年前后规划方案的反复中混沌，在20世纪末逐渐成型，2001年澜园食堂建成之后，照澜院的风貌完全确定。

时间上的大跨度带来了空间特征的多样性，但缺少了一个街区所应当具有的统一性，而沉闷的道路划分割断了地段内部南北方向的联系。

设计过程中，通过对主要空间节点、服务人群、南北向主轴线、现有的人群来源的分别，进行规划布局和空间设计。在确定功能模块布局之后进一步考虑具体的功能承载及不同功能之间的相互组合和渗透。

教师点评

方案以院落作为各个建筑单体的组织形式，营造近人尺度的空间，和谐而统一。院落间组织得当，形成建筑之间的对话，同时也丰富室外公共空间。

可以考虑对食堂建筑的功能与空间进行优化，利用原本就有的楼梯，形成进入照澜院的重要标识。

主校区
平面图

照澜院在清华大学的区位
及现状访问照澜院人群的主要类型及分布

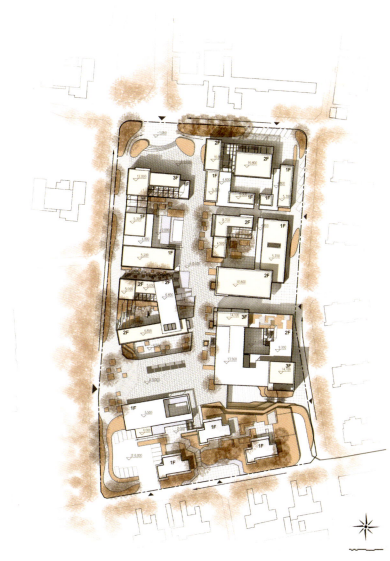

方案总平面图

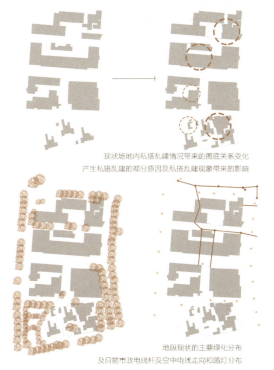

现状场地内私搭乱建情况带来的图底关系变化
产生私搭乱建的部分原因及私搭乱建现象带来的影响

地段现状的主要绿化分布
及目前市政电线杆及空中电线走向和路灯分布

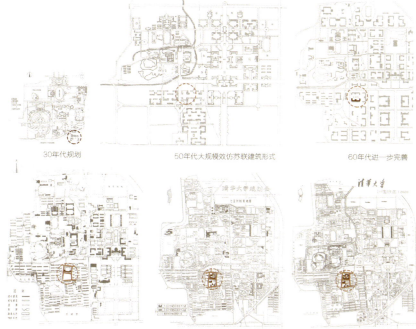

30年代规划　　　　50年代大规模效仿苏联建筑形式　　　　60年代进一步完善

1979年规划图中拆除新林院1号院　　　1988年恢复新林院1号院　　　1994年照澜院已基本成型
并进一步做了道路规划

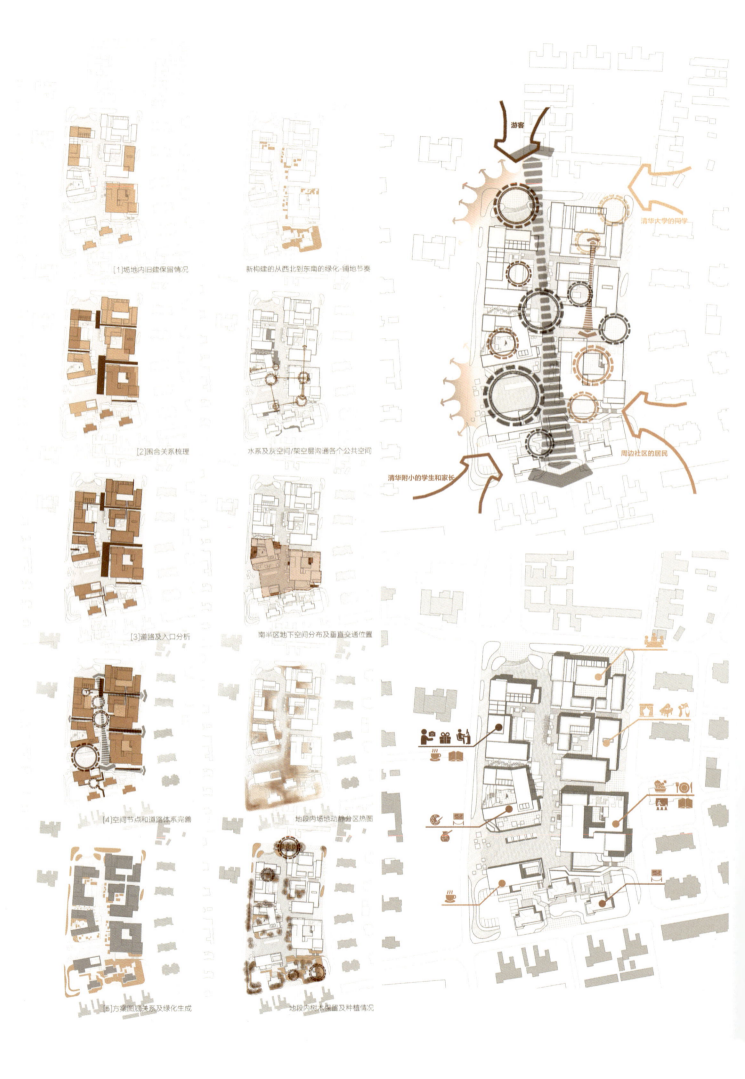

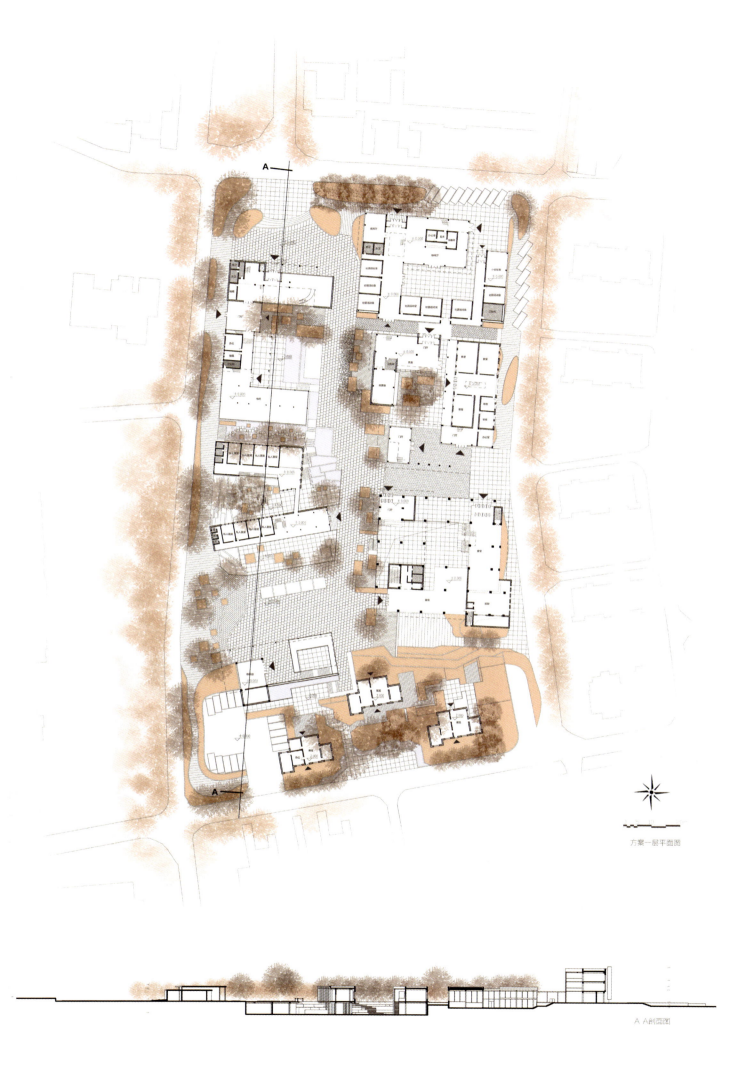

会议院
承接自东北入口到达照澜院的以学生为主的人流和北侧到达地段的校友、游客等，为之提供会议服务为主，沙龙及社团活动为辅的功能，并配有配套贵宾室及咖啡厅

演艺院
作为东北角的会议院和原澜园食堂之间的过渡地带，考虑到澜园食堂在功能改造后承接了青少年活动中心、图书中心和展览的功能，故将演艺类相关功能安排于此，一方面方便同学们使用，一方面为青少年活动中心功能的延续。

会议院和演艺院在照澜院中的位置示意及主要功能安排

一层院落空间的围合和半围合关系分析及灰空间分析

整体鸟瞰图

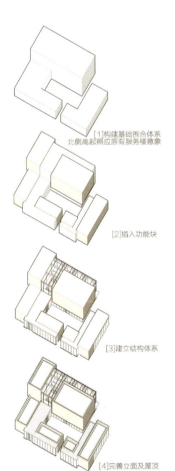

[1]构建基础围合体系 北侧高起照应原有服务楼意象

[2]插入功能块

[3]建立结构体系

[4]完善立面及屋顶

会议院二层平面　　　演艺院二层平面

演艺院和原澜园食堂之间的路

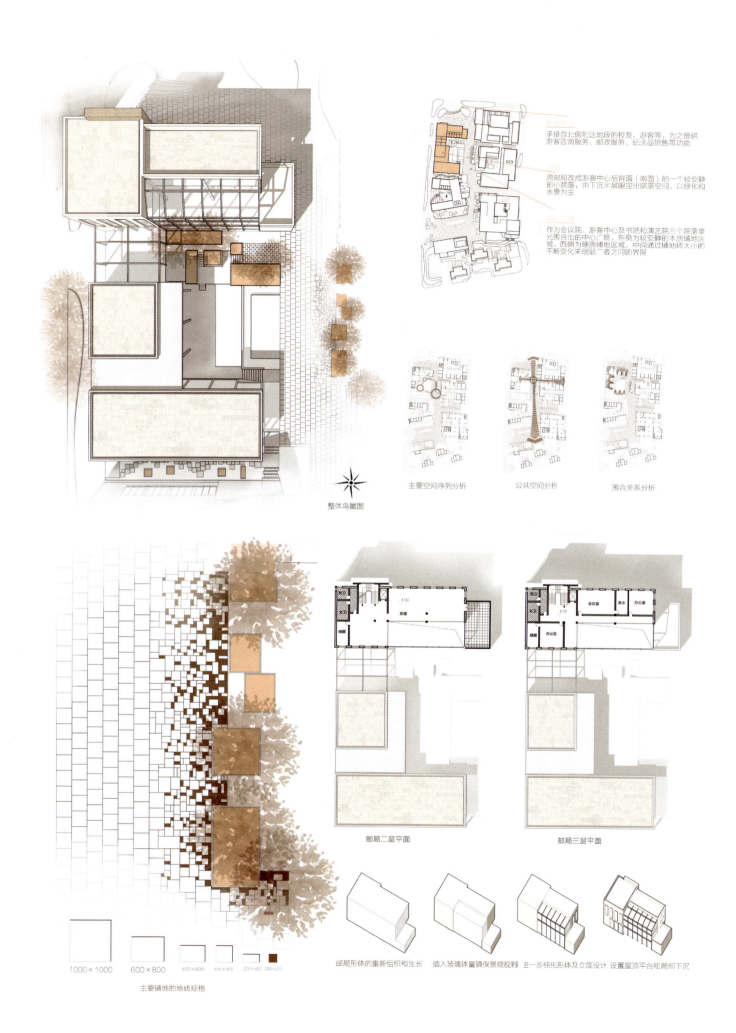

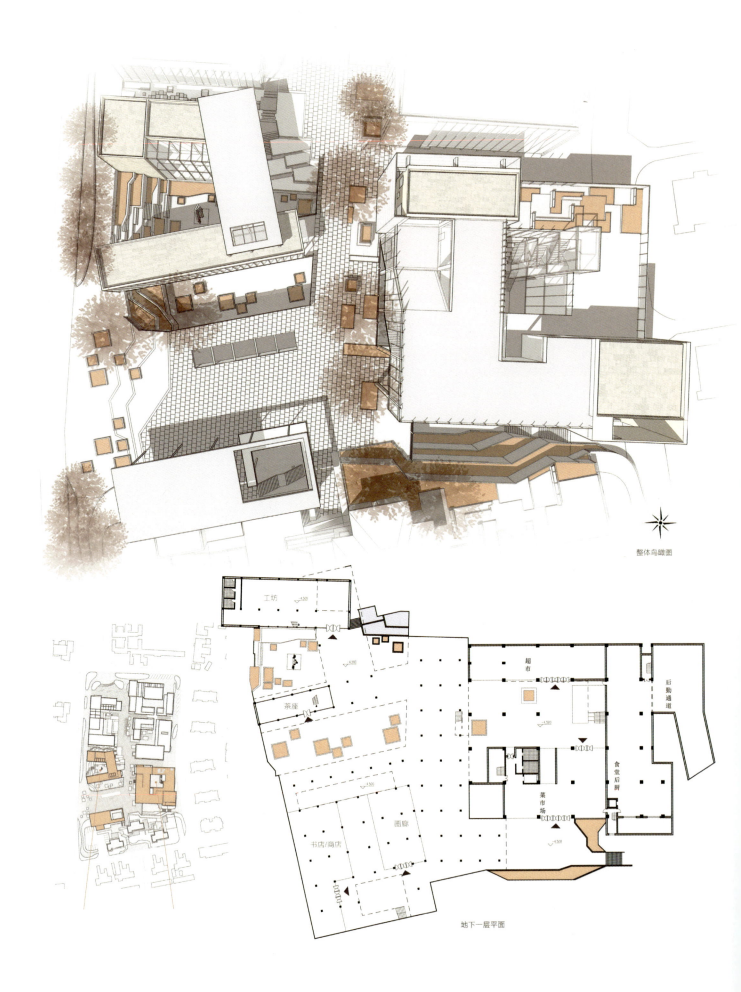

整体鸟瞰图

地下一层平面

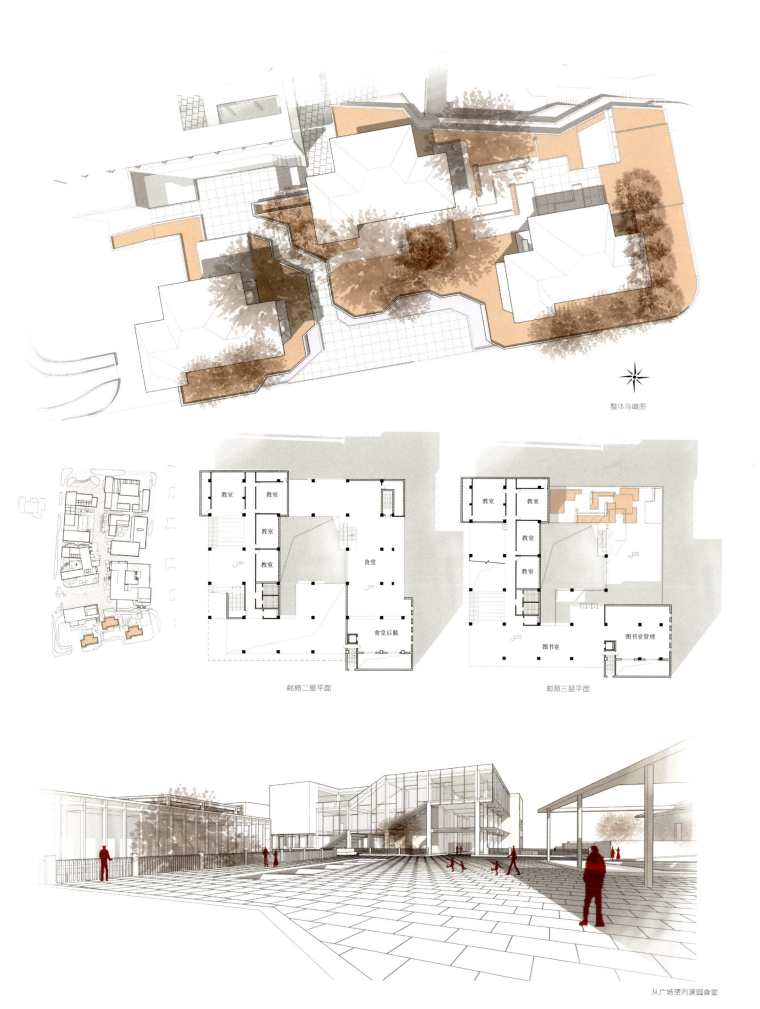

整体鸟瞰图

邮局二层平面

邮局三层平面

从广场望向澜园食堂

寸草

学生 | 乔荟霖 官名昊 张若恬
指导老师 | 庄惟敏 胡林

设计说明

通过对场地的分析，我们小组选择采用一种景观化的处理手法，在地段四周保留连续街道意向，而地段内部设置为自由的公园地景。整个地段由外到内可以划分成：街道界面 - 建筑内部 - 院落 - 绿岛 - 漫步体系 - 地下空间 六个层次。

由于方案本身的特殊性，地段内的每一个地上建筑的每一个立面都会比较重要，所以我们在深化功能布局时将功能与现有的建筑投影面进行了一一对应。同时保证建筑面向街道与场地内部均有开敞通透的界面，使得室外景观最大程度向室内渗透。

地下空间以下沉广场为核心，围绕广场周边布置功能。地下部分的设计中，我们希望能营造一个和地上部分一样舒适的环境，最大可能地将光线、风等自然因素引入地下。而利用缓坡作为地上绿地的向下延伸，形成一个贯穿地上地下的连续慢行系统。

教师点评

该方案思路明确，以营造一种自由漫步的体系为出发点，以将建筑与环境结合为背景，进行新秩序的构成，是一个具有独特鲜明风格的方案。大面积的草坪与绿化提供了舒适的环境和漫步的场所；建筑以混凝土和锈钢板的体块穿插为主要方式，提供了一种简洁的构成式美感，并且以地下部分的连通加强建筑之间的联系。各个建筑的相对独立性使得它们的尺度变小，营造出仿佛私家别墅的感觉，与自由漫步体系结合，形成独特张力。

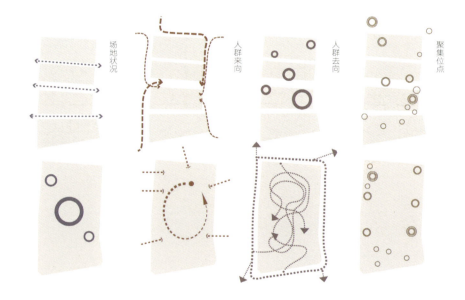

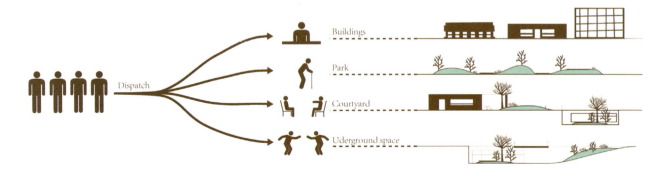

CHAPTER 10 | 245

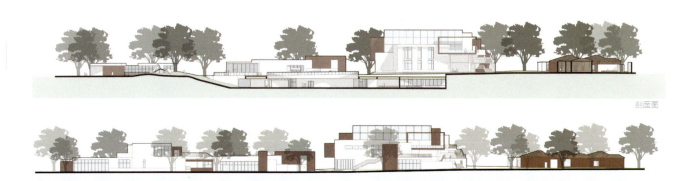

剖面图

西立面图

寸草

学生 | 乔荟霖

　　地下公共空间由南北两个庭院及坡地组成，两侧庭院通过中间开放的展览空间联通。

　　地下空间的营造中，希望给人以和地上相同的舒适程度，将自然光和风通过坡道和庭院引入地下室内，让人身在地下也能感受到与地面相同的开放自由，可以在其中自由选择活动模式。

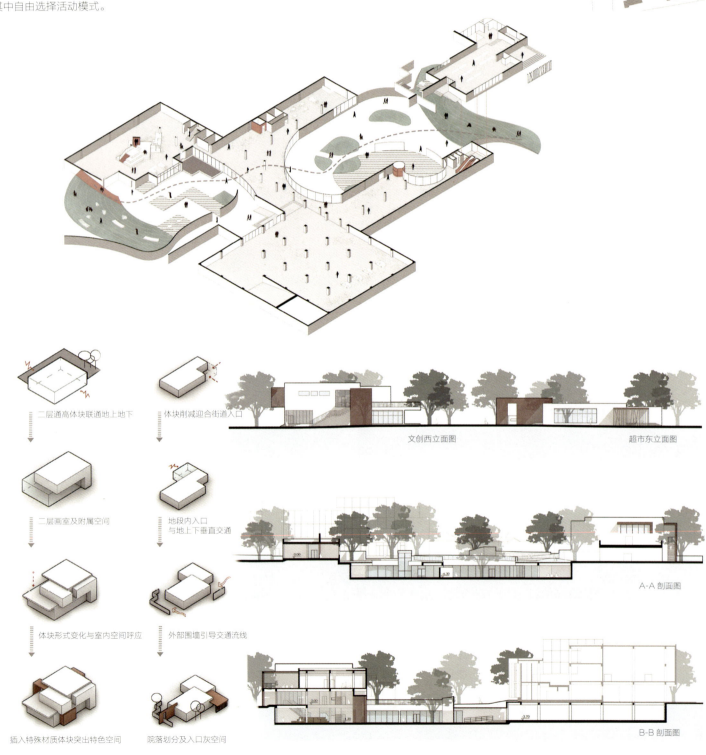

一层平面图

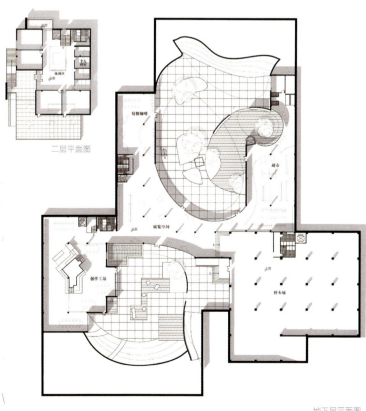

二层平面图

地下层平面图

寸草

学生 | 张若恬

从私有到公共，体现小镇开放性。留存新林院旧宅作为历史记忆，将私人住宅改造为历史展厅与纪念馆，传承清华文脉。半敞开半围合，营造自由共享氛围。衬托改造后场地自由漫步概念，使地段尽端收束出安静且小尺度的庭院，增强场地张力。

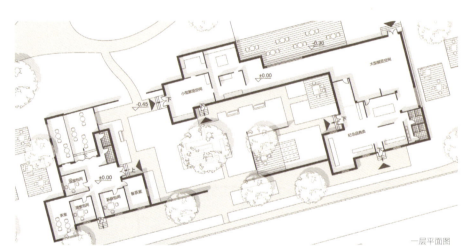

一层平面图

寸草

学生 | 官名昊

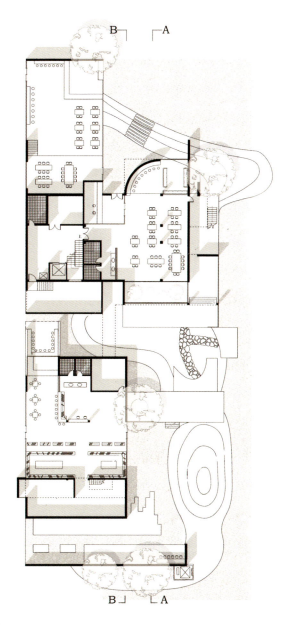

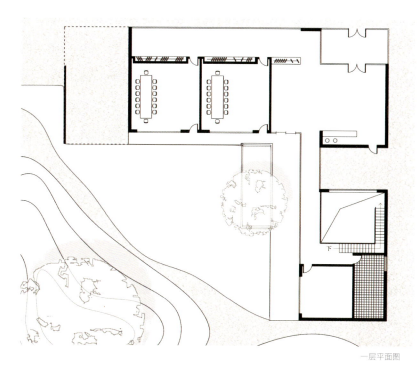

一层平面图

CUBE-INVADE

学生 | 南流星
指导老师 | 庄惟敏 胡林

设计说明

设计采用架构形式，其介入使得照澜院在最大程度上保留原有建筑外貌的同时，建筑彼此之间也有所联系。同时因为架构方便搭建且便于后期调整的特性，使得其成为可行性较高的方案之一。

插入单元体块的主骨架与组件替换单元，为了给予人们更多不同的体验以及满足多样的功能需求，不同的单元体块、材质与特性也不尽相同，设计设置了三种体块骨架以及可替换的墙面材料，任其组合成为理想的形式。为了使得多功能体块适应各种应用环境，满足较小空间中的交往空间及其需求，体块骨架除了可以添加不同材质的外墙外，也可以相互拼接成一个较大的空间，例如，四个 C 字形体块和一个底板型体块可以拼接出一个有中庭的十字空间。

教师点评

最大限度地保留了照澜院建成环境，试图以"框架"这一新形式的介入来解决当前地段内存在的诸多问题，具有新意。但这种方式对于照澜院地段来说显得有些强势，清华园内也缺少类似的建筑与处理方式，所以这种设计策略与介入是否合理有待商榷。

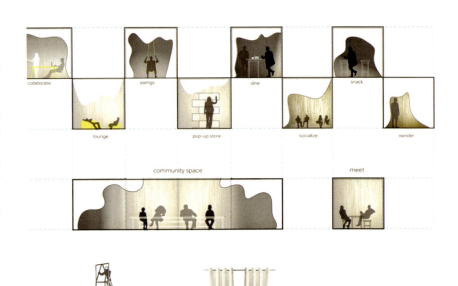

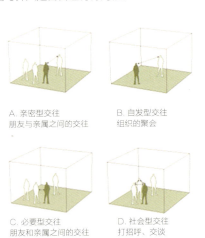

CHAPTER 10 | 251

艺教中心二层平面图

书店二层平面图

总平面图

菜市场地下层平面图

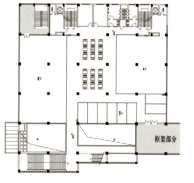

菜市场二层平面图

菜市场三层平面图

CHAPTER 11

指导老师 | 邹欢

RE-novation

学生 | 邓志超 郭仞秋
指导老师 | 邹欢

设计说明

在前八周的整体规划过程中,我们将场地内只有平行街道且相互缺乏贯通连结,以及缺少高质量公共空间作为主要问题,以此为出发点,将核心公共空间置于内部,并对每个建筑附加属于自己的小型公共空间(庭院、下沉广场等)。
但在后期由于过度关注建筑物的形态,而逐渐失去了对外部空间关系的把控。整体围合偏弱。且忽略了对于铺地、道路分流及绿化布置等公共空间元素的重要性,在设计上没有体现出来。

教师点评

本设计的每个单体建筑都具有一定的创意和造型特点,在整合整体场地空间中也有着自己独特的想法,并且根据主题 RE-novation 对场地的肌理进行了更新,图纸表达也具有一定的风格;但是各地块之间的联系还不够紧密,手法不够统一。

新旧对比

广场空间

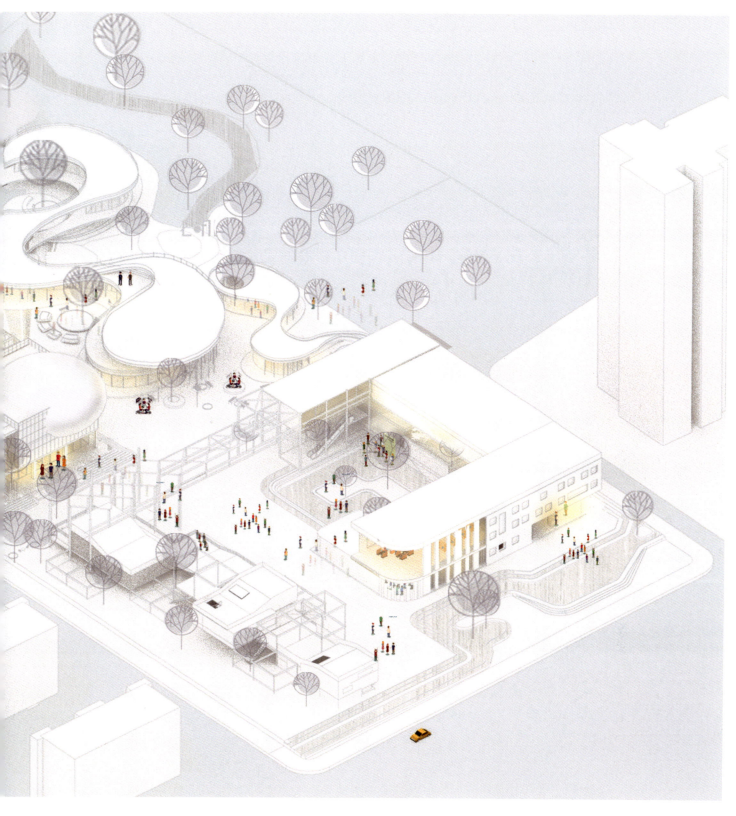

物

植被分布

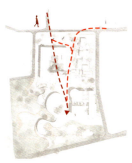
可达性

外部街道

自行车停放

地下车库

RE-novation

学生 | 邓志超

  在面向广场的一角插入球形剧场，独特异质的心态既是广场的地标也是澜园改造的核心空间。球形剧场四周的附属空间用半透明立面营造出光线宜人的疏散、休息、社交空间。运用现代材料营造的新空间以通透与白色为主，同时尺度上继承澜院的模数，在内部的街道形成和而不同的对话。

  创意工坊与南侧新林院的公共画室共同组成书画创意空间。扭动的体块既暗示与新林院的联系又为二层通高的工坊空间带来大面积长窗，引入阳光的同时也将工坊的成果与独特的机器、工艺展示给外界。

  东侧保留澜园原有的围护结构，展现澜园富有清华集体性历史记忆的独特立面与温暖古朴的红砖材质。对保留部分内部轻度介入，营造大空间、多用途、可变化，集会议、展览、演艺、联谊等多种功能自由灵活的多功能空间。旧的形象与新的功能，老记忆与新行为交相辉映，形成独特的场所意向。

室外透视图

室内透视图

南立面 西立面

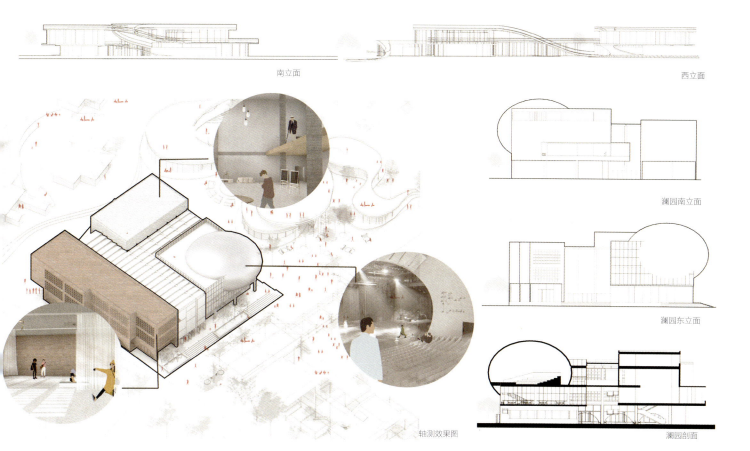

澜园南立面

澜园东立面

轴测效果图 澜园剖面

RE-novation

学生 | 郭仞秋

  我主要负责场地北侧区域的设计，功能为学生活动中心以及小型餐饮区，希望通过塑造整体及碎片产生新的空间对比。学生活动中心强调围合，内部庭院设计相对"封闭"，更加偏向使用者；而餐饮区是一个一个单元化的"小房子"+架子，试图通过错动的方式提供适合闲逛、交流的空间，并在架子上增设平台、绿化等塑造灰空间鼓励休憩。

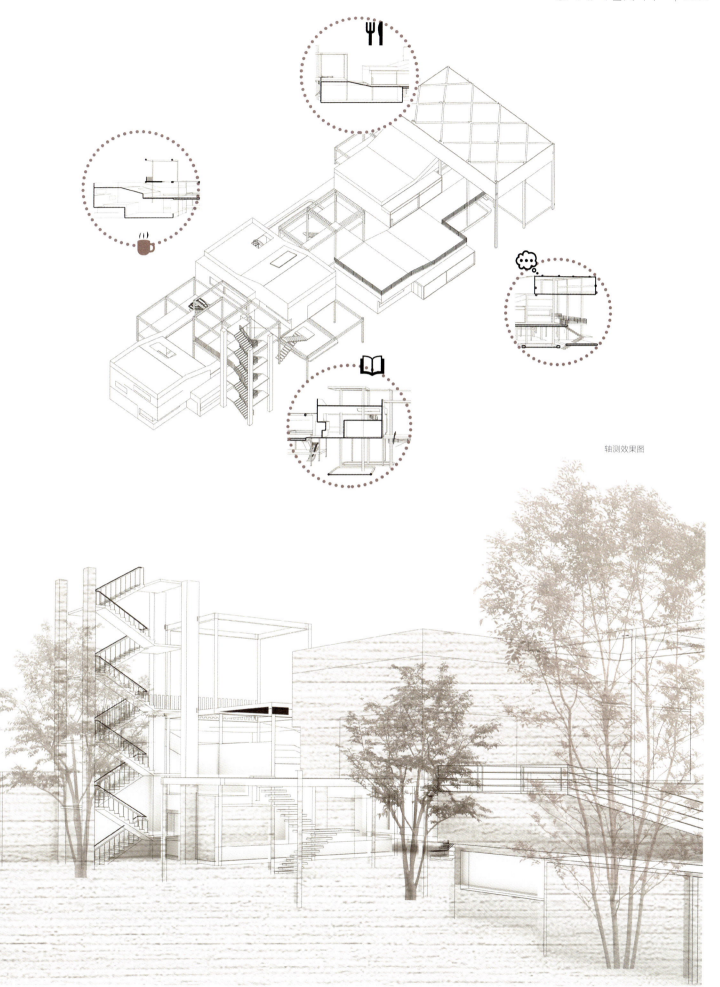

轴测效果图

诗意的市井

学生 | 王梦龄 韩雨乔 吕昕桐
指导老师 | 邹欢

设计说明

通过前期调研，我们发现照澜院地段目前存在不少问题。第一，这里的建筑功能性很强，但是类型较少，缺乏供人停留的空间。第二，地段横向割裂过于明显，无法南北连接，使得街区无法"逛起来"。第三，地段身处历史街区，却与历史文脉脱节。
在调研的基础上，我们设计的出发点是希望保持街区本身的风味，保留与周围的胜因院、新林院的连续性，通过改造塑造成小镇式结构，塑造街巷空间。基于以上问题，我们提出以下解决方案。
设置"十"字形主干道，打通南北，使街区对内的界面更活跃，使人们可以在其中逛起来。引入西侧的小树林——校内少有的仍保留过去"野味"的地方，联系胜因院与照澜院，形成过渡。同时将小树林与南侧新林院结合，作为地段中自然"野味"的部分，与北侧商业区形成咬合的态势，并在东西干道上将绿地的"柔性"延伸到商业区内，同时借由东侧学习空间进行过渡。

教师点评

本设计试图从市井、大院儿等原型入手创新空间意象，形成了具有活力与异质感的新型场所，设计的风格较为强烈；整体没有很用力，但节奏把握的还不错，包括建筑与广场之间的关系、向绿地的过渡等。但是小树林的处理可能还需要进一步的加强，感觉并没有达到最初引入人的活动的目标，总体肌理的逻辑性有待加强，图纸表达还可以更为深入。

地段分析

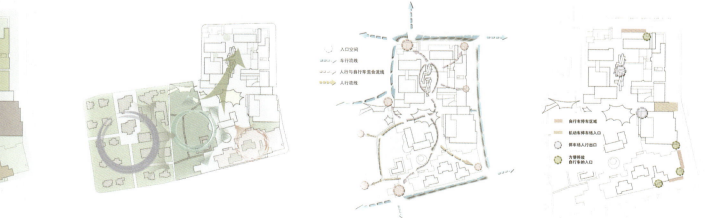

功能分布　　　　　　　　　　　区域关系　　　　　　　　　　　内外流线　　　　　　　　　　　停车空间

诗意的市井

学生 | 王梦龄

我对社区的认知来自于儿时居住的机关大院：建筑围绕中的参天大树，建筑与树之间的空间。这个空间往往很简单，却发生着丰富的活动。人们在这里与邻人社交，在这里获得依托感与隐蔽感，在这里获得介于私密与公共间的栖息之地。在树与老式建筑的隐蔽下，最为寻常的市井活动有了一定的距离感——你可以参与其中，也可以只是在树荫下远远地望着。明明身处活跃的烟尘气中，却又享有一份宁静。这种沉静而又活泼的气息，是我认为的诗意的市井。

照澜院本身其实具有这样的条件，居民、大树、许多富有生活气息的活动，但却没能提供一个可供栖息的、温柔的空间。因而，这次设计，我希望将照澜院改建成可栖息的、有隐蔽感而又继承其原有丰富活动的空间。我希望通过保留社区原有的大树，使之成为广场的中心，给人以隐蔽感；四周建筑环绕，柱廊环绕，便于人们停留。同时，在给人以坚实依托的同时又暗示远处的街巷、树林，给人更加丰富的生活感。

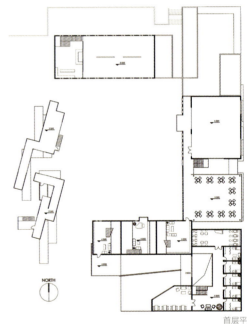

首层平面

诗意的市井

学生 | 韩雨乔

本次设计中我负责的是西侧地段，功能方面在原有的基础之上加入了市场、青年旅社。地段位于场地的北侧，面向外部交通道路以及二校门等人流密集处，在整个照澜院社区中心承担了吸引人群以及社区向绿地、建筑体量由大到小、建筑风格由混凝土向红砖的过渡作用。

剖面图

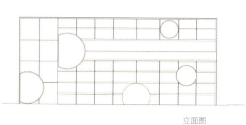

立面图

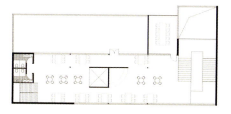

三层平面

诗意的市井

学生 | 吕昕桐

我设计的地段是原有的澜园食堂,在保留原有框架结构的基础上,通过增加通高空间来获得整体通透感。在东南侧,主干道旁的澜园加入凸窗和外露的交通,将活动展现在立面上,增添活力;南部削减体量,减小压迫,引入绿地。新林院绿地边缘处理为阶梯,坡度不同形成虚实相间的界面,形成不同引导。

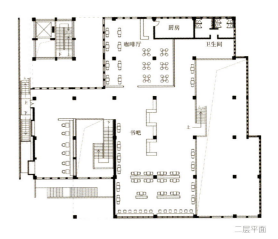

二层平面

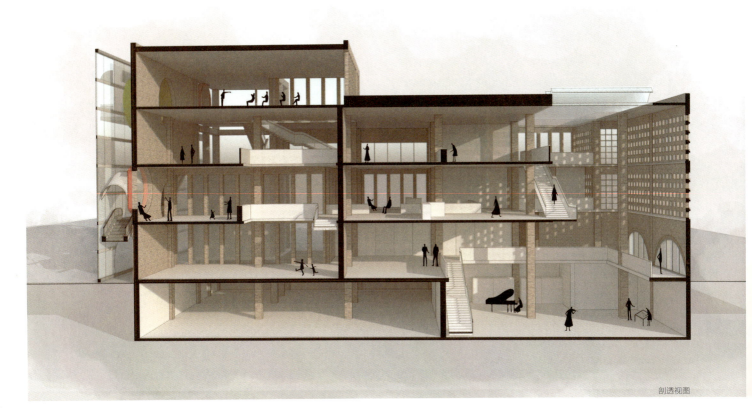

剖透视图

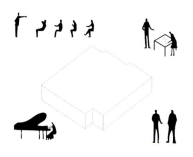

可能发生的活动

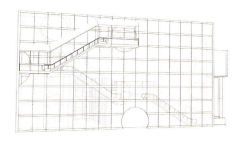

通过凸窗和扶梯将人的活动展示在立面上
增添活力和交流

内部凸窗效果展示

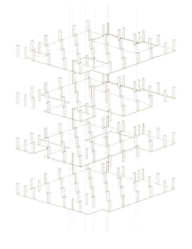

保留原有框架结构
利用通高空间展现结构力量感

室内透视图

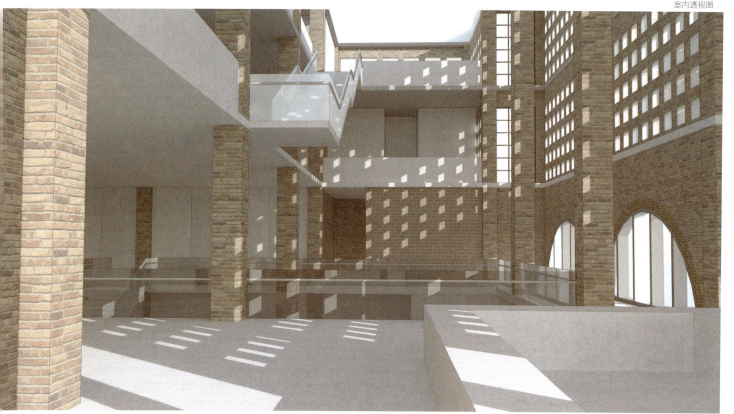

水木城

学生 | 刘峰吕 张馥琳
指导老师 | 邹欢

设计说明

我们的设计是从地段现存问题出发的。
因为现存建筑物呈条状，造成照澜院商业区南北不通，因此我们引入了"水"的概念，用一条水状的瓦片铺地贯通南北。另外，地段现状人车流线混乱，我们修改了道路，将西侧小树林包括进地段中，使街区外部形成通畅的车行道，将人的流线引入街区内部，也以"木"的引入增加了人的休憩空间。
由于我们注意到，现存街区的西北角和东南角高起，其余建筑低矮，同时街区南北都布置着小尺度的房屋，为了延续街区的肌理，也为了区分商业建筑和居住建筑，我们加入了"城"的概念，将地段进行围合，而在"城"中沿"水"布置小尺度房屋，形成临水排布的小镇的感觉。

教师点评

这是一个很有轻松感的设计，两人把复杂的问题简化了。地面水流铺地和广场上的圆形水池在南北轴线之外又形成了一条斜的轴线，让空间灵活了起来。广场做得挺不错的，古典的柱廊形成了美观的界面，塔楼也是增强了古典的意味，看来古典的手法的确有长久的价值。
需要改进的是澜园改造的塔楼可以更靠近"城"内，现在塔楼与城内还是显得有一点疏离。东北角新建筑的形态也应该再琢磨推敲。

室外透视图

水木城

学生 | 刘峰吕 张馥琳

　　由于人的自由行走、游憩和体验是我们设计中的重要部分，我们设计了不同尺度的丰富公共空间——道路上，从通往安静书咖的石子小路，到城墙与小屋之间宽窄不同的小巷，再到用水元素串联而成的主街；绿化上，从街边树下的咖啡座，到像素化、分布着娱乐设施的屋顶花园，再到巨大的树木遍布的绿色台阶。人们随处可以停留、交谈或倚靠。

　　开放自由的公共空间给多种活动提供了可能性。人们可以坐在绿地台阶边缘或草地上，可以围绕着广场东北角的水池互动，或在广场上支起太阳伞，举办周末集市与二手市场。入夜之后，水状铺地转换为地灯，人们仍可在街区中散步。

　　具体的建筑形态上，"城"保留了清华传统的红砖与拱元素，使得其融合于校园红区之中，内部小房子西侧采用较为严整的院落布局，东侧则自由灵活，空间充满变化。同时我们在澜园食堂的改造上设置了整座城的制高点——钟塔。人们顺着澜园原有楼梯拾阶而上，可以登上钟楼环视四周景致。

水木城

学生 | 刘峰吕 张馥琳

建筑功能上,我们保留了街区的绝大多数原有功能,并增加了新的业态——儿童兴趣班、钟书阁、影像店、数码产品店、书咖、冰淇淋店、DIY绘画馆……商业店铺多安排在一层临街,店面可出租,使得街区有不断更新业态的可能。整个地面层就如同集市一样热闹多彩,无论是学生、教职工还是附近居民区里的退休职工家属都可以在这里满足日常生活的购物、休闲散步、交流等需求。

整体而言,我们试图营造一个尊重周边环境、尊重街区肌理又富有生活气息的社区,用古典的建筑方式柱廊、内院、塔楼等元素把校园建筑的活力与现代建筑结合,希望学生、工作人员、居民、老人和儿童等不同人群都可以在此发现惊喜,享受生活的乐趣。

高低屈曲

学生 | 张心宇 葛晟 姚思远
指导老师 | 邹欢

设计说明

照澜院地段的地势为东南高、西北低,我们便想到了用一条从东北角到西南角的流线来组织整个学术小镇。在这条流线上安置圆形下沉广场,末端通向小树林,其余单体建筑在这流线两侧布置。这便是我们设计的原型。在设计中加入了二层平台连接各个单体建筑,异形、张扬的曲线型平台与类似于山壁上栈道的、正交模式的平台相结合。在老师的建议下,采取了稍稍收敛的曲线平台形式,并将正交模式的室外通道改为在更高高度上的玻璃廊道系统。同时各个单体建筑也基于这两个平台进行造型,曲线平台末端的圆形盘旋展览空间、演艺空间的曲面屋顶等。

教师点评

本设计从整合整个地块的公共流线出发,以正交格网及自由曲线的融合来作为串联空间的主要方式,具有一定的特色;但同时主要建筑元素之间整体性还需加强,如曲线与周边直线的关系以及二者所营造出的室内外空间及流线还不够深入,表达的系统性和深度也有待提升。

绿化分布

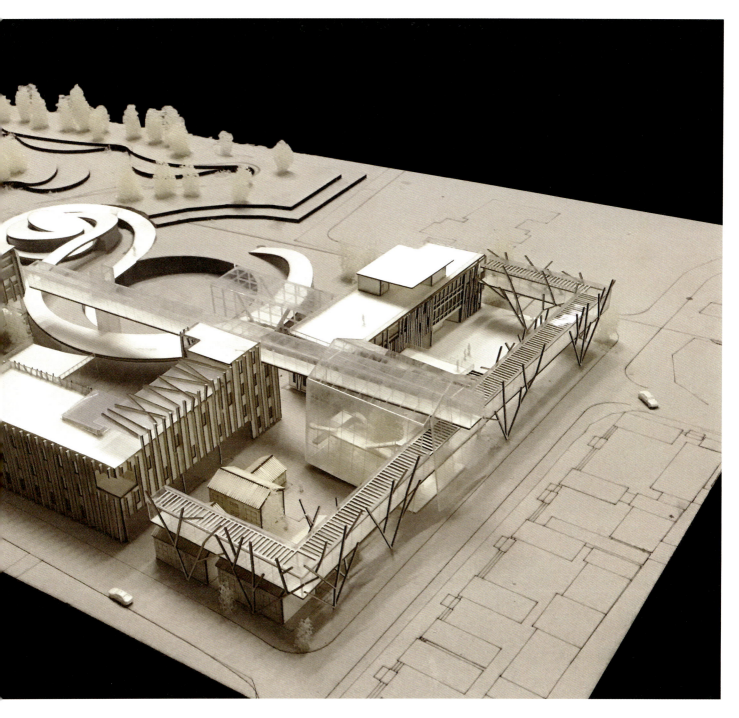

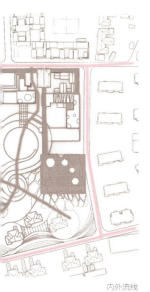
内外流线

公共空间

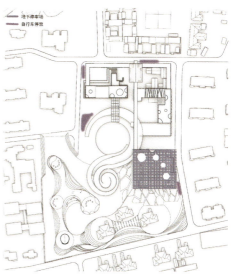
停车区域

高低屈曲

学生 | 张心宇

我负责的是北边的 D 地段，临近二校门与一片传统坡屋顶合院。我保留了邮局主体和东侧坡屋顶小卖部与之呼应；为应对二校门和大礼堂轴线的严肃规整，我沿着东西方向放置了一条廊道横跨地段，显得较为对称，与之呼应，并采用树状结构支撑廊道，与行道树融为一体；在原有服务楼的位置放置一个较高的温室，赋予该地段一个标志物，不同季节都能吸引人们到来，使人们来到照澜院能体验更多。

保留原有框架结构

有增有减形成过街楼

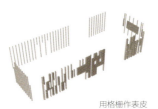

用格栅作表皮

加建空中廊道

形态生成

模型照片

室外效果图

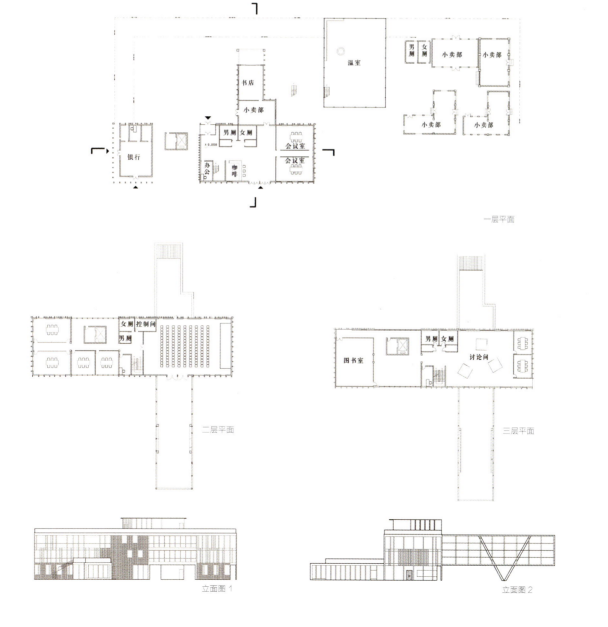

一层平面

二层平面

三层平面

立面图 1

立面图 2

高低屈曲

学生 | 葛晟

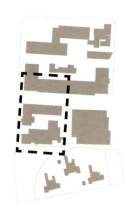

　　圆形的下沉广场、曲线平台及展览空间在前八周就基本确定了外形，主要强调其飘逸的带状雕塑感。

　　餐吧类空间的设计起点是五颗郁郁葱葱的大树，三棵留在室外，两棵圈进室内，作为入口大厅的核心。树启发了表皮的生成；树一侧的建筑表皮为树状结构表皮，远离树的一侧则是栅栏状表皮。

　　曲线平台的价值在于其沟通地段内主要建筑物的功能和飘逸动感的形式．正如马蒂斯的画作一样，该曲线平台像手臂般在水平方向上连接了会议类空间、演艺类空间和餐吧类空间。位于一层高度的曲线平台和位于三至四层高度的空中玻璃廊道形式一曲一直，却异曲同工，是我们这个十六周设计的灵魂：不同空间的自由灵动连接。

模型照片

高低屈曲

学生 | 姚思远

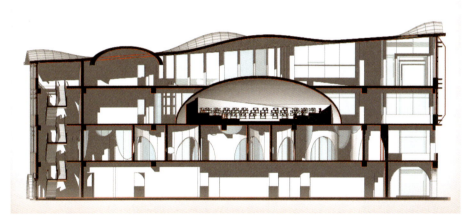

我负责的照澜院改造主要是 B 地段的澜园食堂部分。设计难点主要在于改建并非重建，要在保留原先承重结构基础上对建筑进行更新，并且符合整体四个地段的总体风格。我们组的设计总体风格还是分成了从北到南由高楼到平地，由市井往自然过渡，将原本被划分的支离破碎的照澜院地区从功能和形式上打通相互之间的藩篱融合到一起；对此，我们将市井转译在建筑中以直角体块来表现，自然则以曲线段来表示，二者以中心的"S"形广场来中和过渡，因此，我的演艺大楼（原澜园食堂）的外形是在保有平直形式的基础上，再加建楼层并添加曲面屋顶，以求能在市井的区域内感受自然的侵染。

我们这 16 周

一个很累很长但很开心的 16 周。
感恩有队友们带我这个菜鸡水鱼一起飞～（感觉我如果是跟别人组队说不定就被踢出队伍了……
评图结束啦～ 力学加油鸭～

这 16 周
真的是满满的肝
有种倾尽了所有在做设计的感觉
感谢晓喜老师与肝肝的组员，才能有今天愉快的评图
能吸收中期老师所给的意见
拿出今天的模型与图
超级感动呀！

"对生活有灵魂"是我想要的评价了但也不尽然。有点遗憾最后光雕出 bug 让模型黯淡收尾。
出图周从周一到今天几乎每天一场考试，让我连环极限复习并失去睡眠。
很惨的是，总觉得这学期做了很多事情但让我心里觉得真正满意的却寥寥无几。
其实菜就菜吧，总会有另一些时刻会让人觉得自己确实成长了。

终于有一次还算好意思发的图了。感谢 cyx 同志和 ycv 同志做模型，还有 zh 同学帮忙出图。自从想明白我以后也不做传统的建筑师，我的图底就黑了起来……

这学期永远都会是我比较美好又幸运的回忆，感谢老师们和队友们。
虽然真的挺累挺极限的，忙着追赶各种期限，很多事都没来得及做，比如一直没有朋友圈小作文……希望以后还能突破自己，但同时也想多做一些真正喜欢又力所能及的事情，不要屈服于面子啦。

长长长的设计课以长长长的熬夜收尾，最后还有长长长的补觉作结。收获很多，遗憾也很多，难得的是突破了两年来的大问题，也发现了新的挑战。前路漫漫啊 但我一往无前。
还是感谢两个有趣的灵魂的争吵与陪伴，特别要吹爆美丽又厉害的晓喜女神！

确实整个方案做下来合作的部分几乎都是无法达成共识后的妥协，也使得它既不协调也不极致吧。最后老师的评语并不意外。
至于自己的部分，实际上在学期开始之前对于这个设计的期待是一个形式稍弱但能探讨更多内在价值的东西，但最终陷于全方面的小器了。不过遇到了很多能引发反思的问题还是应该庆幸的。
不管怎样，非常地感谢队友，磕磕碰碰也算一起走下来了吧。虽然经常吵架，但不得不说思维的碰撞还是很难得的吧，对自己的反思也有很大帮助。还要感谢淳尹川川梦龄昕桐，在心态频繁崩溃的时候给予我很大安慰和帮助。最感谢的还是晓喜老师吧，虽然一开始有点怕，但真的是优秀又温柔还很能吐槽的宝藏老师啊。于是我也变成了晓喜女神吹！

十六周的设计很短也很长，死于争躇之后 zyc 决定做些愉悦亲切的设计，因为队友关系过于和谐甚至全程都觉得很快乐……完全没有想象中的艰辛 hhh
对于方案，就像小朋友会很快发现衣服穿不下去一样，做到出图阶段的时候已经察觉出前期想法的不完善，但我还是乐意把它表达出来。最后的方案热闹得像个幼儿园一样……唔不管怎么说我是这个规划的妈妈呀！
感谢三位队友在我的指手画脚之下虽然抱怨着是为我打工，但事实上都给了我很大的帮助。小姐团贼简直有些过于她好了，经常上完了课即使没有什么理由也要出去吃饭。一起通宵做模型，唱歌玩球讲相声……有一次为了追逐六点半的夕阳和 smz 端着巨大的模型狂奔，第二天端着面都手抖，还有一次模型被一大群大叔大妈围观导致局势一度失去控制……约定了最后一晚一个人没睡全组都不能睡，最后还是我太菜还是队友帮我出了图 qwq
最后的最后，我们组两个男生唱歌真的太！好！听！了！

这次做各种外部空间真的很开心哈哈哈哈哈，也成功地用到了自己喜欢的古典元素 - 古风女孩这次古风到西方了 23333
邹欢老师超级 nice，一直鼓励我们坚持自己的想法也给了超多好建议，被死了整整八周的广场最后被夸的时候太开心了！

第一次超长设计课，第一次小组合作，感谢壮哥和wls的carry和包容，让我可以全力以赴准备薪火考核，让我可以在出图周专专心心出精模。
虽然日常三省吾队友：这两货在哪、这两货在干嘛、这两货怎么还不来……虽然时常抱怨和吐槽，但是真的超级靠谱超级carry！
爆了算是有史以来最大的肝，看了无数次日出，经常日出而作日出都不归的日子，最后成了水出了八张A0、水出了两个大模型的按时交图好同学小组……

迟到的小作文
虽然还有期末周的考试，但是感觉最艰难的战斗已经落下帷幕了。这两天想起来还有些恍惚，真的活过了十六周呀。
这学期算是我目前为止最为艰难的一个学期了吧。崩溃了好多次，一度有点自暴自弃，但是最后还是绝望着做了下来。
但是伴随着痛苦也有些很暖人的东西。感谢开导我陪我散步的朋友，真的好多次把我从危险边缘拉回来。感谢一起设计，一起出图，一起崩溃的朋友们，感觉经常被此拉一把得以继续前行。感谢时常和我打电话互倒垃圾的朋友，感谢每次见面互抱互泣的朋友。我明白这是我一个人的道路，可是若是没有你们，我可能早就坚持不下去了。
还要认真地感谢邹欢老师。虽然最终还是比较菜，但是这学期可能真的是我收获最大的一个设计课。终于对于什么是一个好的建筑有了自己的认知，也开始知道我想要的是什么，我该怎样去探索它。感谢老师一直包容又菜又水的我 TAT
假期大概要好好休养生息一下啦！祝大家也有一个温柔的夏日~

十六周合作设计圆满结束。
首先感谢老师！被王丽方老师圈粉！老师非常活泼可爱哈哈哈
然后三个队员每个人儿均关天使，真的很感激你们carry……虽然每个人都遭遇了不少烦心事儿，但是互相包容支持鼓励到最后，我真的觉得自己超级幸运，祝你们一直能够幸运下去！
期间无疑过得很艰难，每个人都在生理心理的崩溃边缘反复试探，但是最后还是得到了自己满意的结果。
再次感激老师和队友，十六周开心富足，受益匪浅。

这艰难的16周终于完了，可以歇一下了……也算是熬过了对自己的试炼吧。这学期能做完那么多事而且没有垮，很满意了。收获了很多，谢谢所有帮助过我的人，谢谢刘老师的指导，让我做了一个我喜欢的方案，第一次出机图，很多要改进的地方，希望以后越来越好了。

第一个十六周设计，也是第一个合作设计。从一开始的规划一直到最后出图，挣扎煎熬和夹杂在其中的一点点开心，让这十六周也算是有点特别吧。
感谢十六周以来王老师的指导，虽然经常被怼但真的非常nice。感谢两位助教，给了我们很大的帮助，尤其是get到了Rhino和PS的各项技能。感谢队友，让我学到了很多，因为有你们才会有这个设计。

图书在版编目（CIP）数据

整体的再创造：清华大学建筑学院建成环境再造课程设计作业全集. 2019 / 程晓喜等编. -- 北京：中国建筑工业出版社，2019.11

ISBN 978-7-112-24378-5

Ⅰ.①整… Ⅱ.①程… Ⅲ.①建筑设计－作品集－中国－现代 Ⅳ.①TU206

中国版本图书馆CIP数据核字（2019）第228160号

封面与版式设计	施鸿锚
内 页 排 版	杜尔金娜 马傲雪 施鸿锚
图 片 摄 影	宋修教 施鸿锚 等
责 任 编 辑	焦扬
责 任 校 对	芦欣甜

整体的再创造——清华大学建筑学院建成环境再造课程设计作业全集2019
程晓喜 王辉 王毅 等 编

*

中国建筑工业出版社 出版、发行（北京海淀三里河路9号）
各地新华书店、建筑书店经销
北京富诚彩色印刷有限公司印刷

*

开本：880×1230毫米 1/16 印张：17 1/2 字数：542千字
2020年1月第一版 2020年1月第一次印刷
定价：198.00元
ISBN 978-7-112-24378-5
（34883）

版权所有 翻印必究
如有印装质量问题，可寄本社退换
（邮政编码 100037）